"十四五"时期国家重点出版物出版专项规划项目

中国能源革命与先进技术丛书

走近虚拟电厂

王　鹏　王冬容　等编著

机械工业出版社

虚拟电厂是满足能源需求的智慧手段，是能源加速转型的抓手和希望。我国虚拟电厂建设基础好，潜力大，但认识亟待提高，举措尚需落地。本书集中了国内外多位专家的智慧，是一本对虚拟电厂从实务角度全面引介的专业书籍，帮助读者从起源和资源、内涵和外延、政策和市场、技术和商务、控制和优化、发展和展望等多个角度全方位理解虚拟电厂。书中全面分析了虚拟电厂三大资源以及它们的混合形式；提出并深度剖析了虚拟电厂发展的三个阶段以及各阶段中的典型成功案例和先进市场主体；从实操落地角度对 5G 技术和区块链技术与虚拟电厂的有机结合进行了探究；对目前虚拟电厂建设存在的难点和问题提出了见解，对虚拟电厂发展前景进行了展望，提出了建设性建议。

本书力戒生涩理论，注重从市场角度用通俗易懂的语言，对虚拟电厂进行抽丝剥茧的分析和介绍，注重理论与实践的结合。既可供能源电力领域、政府和企事业单位对虚拟电厂感兴趣的管理人员、研究人员、工程师和广大从业者参考，也可作为高校本科生和研究生的辅助教材和参考书籍。

图书在版编目（CIP）数据

走近虚拟电厂/王鹏等编著. —北京：机械工业出版社，2020.10（2024.5 重印）

ISBN 978-7-111-66735-3

Ⅰ.①走… Ⅱ.①王… Ⅲ.①用电管理－管理信息系统 Ⅳ.①TM92-39

中国版本图书馆 CIP 数据核字（2020）第 189861 号

机械工业出版社（北京市百万庄大街 22 号　邮政编码 100037）
策划编辑：付承桂　责任编辑：付承桂　闫洪庆　杨　琼
责任校对：张莎莎　封面设计：鞠　杨
责任印制：单爱军
北京虎彩文化传播有限公司印刷
2024 年 5 月第 1 版第 8 次印刷
169mm×239mm · 13.5 印张 · 195 千字
标准书号：ISBN 978-7-111-66735-3
定价：69.00 元

电话服务　　　　　　　　　　网络服务
客服电话：010-88361066　　机　工　官　网：www.cmpbook.com
　　　　　010-88379833　　机　工　官　博：weibo.com/cmp1952
　　　　　010-68326294　　金　书　网：www.golden-book.com
封底无防伪标均为盗版　机工教育服务网：www.cmpedu.com

编写组

王　鹏　王冬容　李　阳
廖　宇　沈贤义　李可舒
乔奕炜　陈　天　韩士琦
蒋　凯　刘隽琦　韩林阳

序一

习近平总书记提出能源安全新战略以来，各地区、各部门以五大发展理念为指引，积极探索建立和健全中国现代能源体系。我理解，现代能源体系的基本内涵：在生产力维度上，以可再生能源为发展方向，以电力为中心、多种能源形态为补充，以人工智能等现代科技为支撑手段，实现"源-网-荷-储-用"一体化有机互动；在生产关系维度上，战略规划实施有方，能源要素市场化配置，"产-运-销-储-服"高效协同，科技创新支撑力强，法规、政策、标准健全并监管到位。

在工作实践中我能感受到，大家对能源发展问题的思考，逐步从可靠性、经济性、环保性向可靠性、生态性、经济性转变，从单纯强调"保供"向供需互动转变。面对"十四五"和2035年清洁低碳发展和能源转型的压力，是继续大规模上马燃煤火电，还是强化节能和提高能效，千方百计地调动和挖掘需求侧的潜力，这是一个迫切需要回答的问题。

今年初，我和王鹏、王冬容等青年学者一起，就"加快发展虚拟电厂新业态"进行了深入调查研究，深切感受到：坚持能源革命的正确方向，必须严格控制新上煤电项目，电力增量和尖峰负荷可以通过大力发展新能源和虚拟电厂新业态予以解决。为此，我们也向领导和有关部门提出政策建议并得到了积极回应。期待有关部门能够充分发挥市场配置资源的决定性作用，并尽快制定激励性政策，引导企业有效发掘商业模式，促使虚拟电厂能够聚合各类能源资源并在供需平衡上发挥重要作用。

很高兴看到王鹏、王冬容等同志在前期研究的基础上，勤奋耕耘、凝练提升，在较短时间内撰写了一部可读性强的著作，这无疑对各方面深入开展虚拟电厂的理论研究和工程实践起到了雪中送炭的作用。祝贺本书的出版！衷心祝愿虚拟电厂能够为新时代的能源高质量发展做出贡献！

国家能源局原副局长　　吴　吟
国务院参事室特邀研究员
2020 年 9 月

序二

当前我国能源发展面临能源结构不合理、能源安全形势严峻、生态环境约束加剧、碳排放持续增加、新能源技术创新不足、能源利用效率偏低等诸多挑战，传统能源发展模式难以为继，可再生能源大规模利用，互联网、大数据、区块链、人工智能等技术蓬勃兴起，催生了以清洁化、低碳化、智能化为核心的新一轮能源革命。

能源技术革命是能源革命的核心推动力，已成为各国抢占新一轮能源产业制高点的主要手段。能源与信息技术的深度融合将对打破传统能源产业链孤岛或断裂、弥补可再生能源发展先天不足、提高能效、促进相关产业融合发展及绿色转型等产生深远影响，正在塑造未来能源系统。

虚拟电厂是能源与信息技术深度融合的重要方向，它是将不同空间的可调节负荷、储能和分布式电源等一种或多种资源聚合起来，实现自主协调优化控制，参与电力系统运行和电力市场交易的智慧能源系统。它是一种跨空间的、广域的源网荷储的集成商，不仅可以促进新能源消纳，提高电网安全保障水平，还可以节约电厂和电网投资，降低用户用能成本，将给未来能源电力系统带来革命性变化。

由王鹏教授、王冬容主任等合著的《走近虚拟电厂》，系统介绍了虚拟电厂的起源、特征、基础资源、市场主体和不同发展阶段，并分析了5G、区块链等技术在虚拟电厂的运用。内容系统翔实、深入浅出，是一本集学术研究和科普价值的专业化书籍，对于读者全面了解虚拟电厂技术现状与未来发展方向有很强的参考价值，对我国发展虚拟电厂技术具有借鉴和指导意义。

中国工程院院士　　　　　　　　　　　　刘吉臻
新能源电力系统国家重点实验室主任
2020 年 9 月

目 录

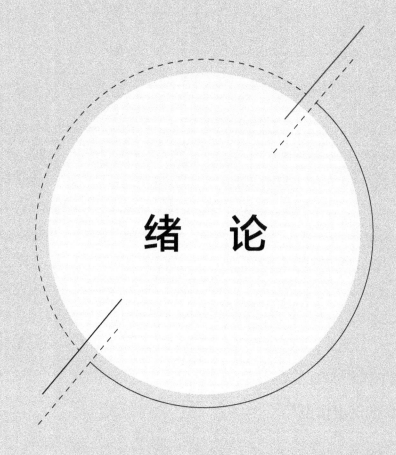

绪　论

2020 年是"十四五"能源规划编制之年，关于煤炭和煤电如何考虑成为关注的焦点。2020 年新冠肺炎疫情之后，多个煤电建设上马的消息见诸报端，更有人主张"十四五"期间要新建高达 2 亿 kW 煤电项目。另一方面，也有一股强大的呼声，呼吁控制发展煤电的惯性冲动，主张通过充分发展可再生能源和挖掘需求侧资源来满足电力负荷增量，大力发展虚拟电厂，替代煤电调峰，并进一步推动能源革命。

那么，究竟什么是虚拟电厂？其资源状况如何？未来发展的空间如何？如何理解虚拟电厂在能源革命和现代能源体系建设中的意义和作用？当前在我国推进虚拟电厂新业态还存在哪些突出问题？如何克服这些问题？在这里我们做一个简要的梳理。

一、什么是虚拟电厂

从现有的研究和实践来看，虚拟电厂可以理解为：将不同空间的可调（可中断）负荷、储能、微电网、电动汽车、分布式电源等一种或多种资源聚合起来，实现自主协调优化控制，参与电力系统运行和电力市场交易的智慧能源系统。它既可作为"正电厂"向系统供电调峰，又可作为"负电厂"加大负荷消纳配合系统填谷；既可快速响应指令，配合保障系统稳定并获得经济补偿，也可等同于电厂参与容量、电量、辅助服务等各类电力市场获得经济收益。

虚拟电厂自 21 世纪初在德国、英国、西班牙、法国、丹麦等欧洲国家开始兴起，同期北美推进相同内涵的"电力需求响应"。我国同时采用这两个概念，一般认为虚拟电厂的概念包括需求响应。目前虚拟电厂理论和实践在发达国家已成熟，各国各有侧重，其中美国以可控负荷为主，规模已超3000万kW，占尖峰负荷的4%以上；以德国为代表的欧洲国家则以分布式电源为主；日本以用户侧储能和分布式电源为主，计划到2030年超过2500万kW；澳大利亚以用户侧储能为主，特斯拉公司在南澳大利亚州建成了号称世界上最大的以电池组为支撑的虚拟电厂。"十三五"期间，我国江苏、上海、河北、广东等地也相继开展了电力需求响应和虚拟电厂的试点。如江苏省于2016年开展了全球单次规模最大的需求响应，削减负荷352万kW，2019年再次刷新纪录，达到402万kW，削峰能力基本达到最高负荷的3%~5%。国家电网冀北公司高标准建设需求响应支撑平台，优化创新虚拟电厂运营模式，高质量服务绿色冬奥，并参与了多个虚拟电厂国际标准的制定。

二、虚拟电厂的三类资源

虚拟电厂能发展起来是以三类资源的发展为前提的。一是可调（可中断）负荷，二是分布式电源，三是储能。这是三类基础资源，在现实中，这三类资源往往会糅合在一起，特别是可调负荷中间越来越多地包含自用型分布式能源和储能，或者再往上发展出微电网、局域能源互联网等形态，同样可以作为虚拟电厂下的一个控制单元。

相应地，虚拟电厂按照主体资源的不同，可以分为需求侧资源型、供给侧资源型和混合资源型三种。需求侧资源型虚拟电厂以可调负荷以及用户侧储能、自用型分布式电源等资源为主。供给侧资源型虚拟电厂以公用型分布式发电、电网侧和发电侧储能等资源为主。混合资源型虚拟电厂由分布式发电、储能和可调负荷等资源共同组成，通过能量管理系统的优化控制，实现能源利用的最大化和供用电整体效益的最大化。

下面我们从虚拟电厂的角度，对如何理解上述三类资源，以及我国几个重点的试点地区在这三类资源的资源量状况做一个简要梳理。

（一）可调（可中断）负荷

可调负荷资源的重点领域主要包括工业、建筑和交通等。其中工业分连续性工业和非连续性工业；建筑包括公共、商业和居民等，建筑领域中空调负荷最为重要；交通有岸电、公共交通和私家电动车等。可调负荷资源在质和量两个方面都存在较大的差别。在质的方面，可以从调节意愿、调节能力和调节及聚合成本性价比几个维度来评判。总体来说，非连续工业是意愿、能力、可聚合性"三高"的首选优质资源，其次是电动交通和建筑空调。在量的方面，调节、聚合技术的发展和成本的下降都在不断提升可调负荷资源量。从国家电网等企业和江苏、上海等省市的调查情况看，当前我国可调负荷资源经济可开发量保守估计在 5000 万 kW 以上。

（二）分布式电源

分布式电源（分布式发电）指的是在用户现场或靠近用电现场配置较小的发电机组，以满足特定用户的需要，或者支持现存配电网的经济运行，或者同时满足这两个方面的要求。这些小的机组包括小型燃机、光伏、风电、水电、生物质、燃料电池等，或者这些发电的组合。

当前我国对分布式电源（发电）的界定和统计还处在不够严谨的状态。据初步统计，截至 2018 年底，我国分布式电源装机容量约为 6000 万 kW，其中，分布式光伏约为 5000 万 kW，分布式天然气发电约为 300 万 kW，分散式风电约为 400 万 kW。在这里，一些符合条件的小水电未被纳入，小型背压式热电也因争议大暂未被作为分布式发电。而实际上从虚拟电厂的角度，对分布式发电资源的界定在于调度关系，凡是调度关系不在现有公用系统的，或者可以从公用系统脱离的发电资源，都是可以纳入虚拟发电的资源。从这个意义上来说，实际上所有自备电厂都是虚拟电厂潜在的资源。

（三）储能

储能是电力能源行业中最具革命性的要素。储能技术经济特性的快速发展，突破了电能不可大规模经济存储的限制，也改变了行业控制优化机制。按照存储形式的区别，储能设备大致可分为四类：一是机械储能，如抽水蓄能、飞轮储能等；二是化学储能，如铅酸电池、钠硫电池等；三是电磁储能，如超级电容、超导储能等；四是相变储能。据中关村储能产业技术联盟不完全统计，截至 2019 年 12 月，全球已投运电化学储能累计装机容量为 809 万 kW，我国为 171 万 kW，初步形成电源侧、电网侧、用户侧"三足鼎立"的新格局。

三、虚拟电厂发展的三个阶段

虚拟电厂的三类基础资源都在快速发展，所以虚拟电厂自身的发展空间也在快速拓宽。但并不是有了资源虚拟电厂就自然发展出来了，而是要有一系列必要的体制机制条件为前提。依据外围条件的不同，我们把虚拟电厂的发展分为三个阶段。第一阶段我们称之为邀约型阶段。这是在没有电力市场的情况下，由政府部门或调度机构牵头组织，各个聚合商参与，共同完成邀约、响应和激励流程。第二阶段是市场型阶段。这是在电能量现货市场、辅助服务市场和容量市场建成后，虚拟电厂聚合商以类似于实体电厂的模式，分别参与这些市场获得收益。在第二阶段，也会同时存在邀约型模式，其邀约发出的主体是系统运行机构。第三阶段是未来的虚拟电厂，我们称之为自主调度型虚拟电厂。随着虚拟电厂聚合的资源种类越来越多，数量越来越大，空间越来越广，实际上这时候应该要称之为"虚拟电力系统"了，其中既包含可调负荷、储能和分布式能源等基础资源，也包含由这些基础资源整合而成的微电网、局域能源互联网。

（一）第一阶段：邀约型虚拟电厂

在电力市场包括电能量现货市场、辅助服务市场和容量市场到位之前，即可通过政府部门或调度机构（系统运行机构）发出邀约信号，由虚拟电厂（聚合商）组织资源（以可调负荷为主）进行响应。当前我国各省市试点的虚拟电厂以邀约型为主，其中以江苏、上海、广东等省市开展得较好。

2015 年，江苏在全国率先出台了季节性尖峰电价政策，明确所有尖峰电价增收资金用于需求响应激励，构建了需求响应激励资金池，为江苏地区需求响应快速发展奠定基础；同年，江苏省经信委、江苏省物价局出台了《江苏省电力需求响应实施细则》，明确了需求响应申报、邀约、响应、评估、兑现等业务流程。根据历年来实践经验和市场主体的意见,江苏省电力公司会同相关主管部门不断优化激励模式和价格机制,按照响应负荷容量、速率、时长明确差异化激励标准。首创"填谷"响应自主竞价机制,实现用电负荷双向调节,资源主体参照标杆价格向下竞价出清,有效促进资源优化配置,提升了清洁能源消纳水平。2016 年,江苏省开展了全球单次规模最大的需求响应,削减负荷 352 万 kW。2019 年,再次刷新纪录,削峰规模达到 402 万 kW。削峰能力基本达到最高负荷的 3%~5%。为促进新能源消纳,2018 年以来在国庆、春节负荷低谷时段创新开展填谷需求响应,最大规模 257 万 kW,共计促进新能源消纳 3.38 亿 kWh。

这些年江苏省需求响应参与覆盖面不断扩大。从 2015 年主要以工业企业参与需求响应开始,逐步引入楼宇空调负荷、居民家电负荷、储能、充电桩负荷等,不断汇聚各类可中断负荷资源。截至目前,已经累计汇聚 3309 幢楼宇空调负荷,最大可控超过 30 万 kW,与海尔、美的等家电厂商合作,依托家电厂商云平台对居民空调、热水器等负荷进行实时调控。2020 年,首次开展 5 户客户侧储能负荷参与实时需求响应,与万邦合作,首次将江苏地区 1 万余台充电桩负荷纳入需求响应资源池。截至目前,江苏地区累计实施响应 18 次,累计响应负荷量达到 2369 万 kW,实践规模、次数、品种等方面均位居国内前列。

(二) 第二阶段:市场型虚拟电厂

当前在我国,属于市场型虚拟电厂的只有冀北电力交易中心开展的虚拟电厂试点。

冀北虚拟电厂一期接入蓄热式电采暖、可调节工商业、智慧楼宇、智能家居、用户侧储能等 11 类可调资源,容量约 16 万 kW,分布在张家口、秦皇岛、廊坊三个地市。初期参与试点运营报装总容量约 8.0 万 kW,主要为蓄热式电采暖、可调节工商业和智慧楼宇。在服务"新基建"方面,率先在张家口试点采用 5G 技术,实现蓄热式电锅炉资源与虚拟电厂平台之间大并发量、低时延的信息快速双向安全传输。目前冀北虚拟电厂商业运营主要参与华北调峰辅助服务市场，根据系统调峰需求，实时聚合调节接入资源用电负荷，在新能源大发期间增加用电需求(填谷)，减少火电厂不经济的深调状态，获得与调峰贡献相匹配的市场化收益。截至2020年3月底，虚拟电厂累计调节里程757.86万kWh，实际最大调节功率达到3.93万kW，投运以来虚拟电厂总收益约157.46万元，日最大收益为87092.95元。

（三）第三阶段：自主调度型虚拟电厂

虚拟电厂发展的高级阶段将能实现跨空间自主调度。当前国际上有两个典型案例：一个是德国Next Kraftwerke公司。该公司早在2009年就启动了虚拟电厂商业模式，截至2017年实现对4200多个分布式发电设备的管理，包括热电联产、生物质能发电、小水电以及风电、光伏，也包括一部分可控负荷，总规模达到280万kW。一方面对风电、光伏等可控性差的发电资源安装远程控制装置，通过虚拟电厂平台聚合参与电力市场交易，获取利润分成；另一方面，对水电、生物质发电等调节性好的电源，通过平台聚合参与调频市场获取附加收益，目前该公司占德国二次调频市场10%的份额。据最近的信息，该公司截至2020年6月已经实现对跨5个国家9000多个分布式能源和可调负荷的自主调度管理。

第二个案例是日本正在进行的一个虚拟电厂试验项目，该项目由日本经济产业省资助，关西电力公司、富士电机公司等14家公司联合实施，共同建立一个新的能量管理系统，通过物联网将散布在整个电网的终端用电设备整合起来，以调节可用容量，平衡电力供需，促进可再生能源的有效利用。该项目一旦实施成功，也是一个典型的跨空间自主调度型虚拟电厂。

四、理解虚拟电厂的五个视角

第一个视角，从需求侧管理到需求响应的角度。这是很自然的进化视角。目前开展需求响应和邀约型虚拟电厂，基本都是在原有需求侧管理的基础上进行，无论是管理部门、人员，还是技术支持系统、遵循的管理制度，都与需求侧管理工作一脉相承。

需求响应和需求侧管理有一定的相关和重叠。一般而言,需求响应包括系统导向和市场导向两种形式。系统导向的需求响应由系统运营者、服务集成者或购电代理商向消费者发出需要削减或转移负荷的信号,通常基于系统可靠性程序,负荷削减或转移的补偿价格由系统运营者或市场确定。而市场导向的需求响应则是让消费者直接对市场价格信号做出反应,产生行为或系统的消费方式改变,价格是由批发市场和零售市场之间互动的市场机制形成。

其中系统导向的需求响应和需求侧管理具有较大的相关性。一般我们将需求侧管理中影响消费行为的项目称为负荷管理项目,而把影响消费方式的项目称为能源效率项目。负荷管理项目可以看作市场改革之前的需求响应项目,这些项目在市场改革后发展为系统导向的需求响应。在传统电力工业结构下,负荷管理项目可作为电力公司削减峰荷容量投资和推迟网络升级投资的一种工具。这些项目包括直接的负荷控制和调整、高峰期电价、分时电价等。需要指出的是,在市场改革前作为负荷管理工具的高峰期电价和分时电价,虽然在市场改革后仍然是需求侧响应的重要工具,但前后存在着本质的区别:前者是作为垄断电力公司的负荷管理手段,消费者只能被动接受而无选择权;后者则是消费者的一个电价选择,消费者可以自主决定是否参与。

简而言之,从需求侧管理到需求响应虽然有相关继承性,但其区别是本质性的,在需求侧管理中,用户是刚性的"无机体",是管理和控制的对象,而在需求响应中,用户是弹性的"有机体",是被激励有响应的对象。

第二个视角,从电力市场建设和电力市场运营稳定的角度。从美国加利福尼亚州电力危机之后,大家统一了这么一个理念,那就是一定要把用户引入电力市场,这是从市场稳定的角度出发。关于市场稳定有一个判据,即市场中最大发电商的均衡市场份额不能够大于其面对的需求侧弹性。所以,要维持电力市场的稳定,途径有两条:一是控制最大发电商的市场份额,二是提高需求侧价格弹性,也就是增加需求侧响应的能力。很明显,将供应侧的集中度减少一半和将需求侧的价格弹性增加一倍,对价格即市场稳定性的影响是一样的,但后者可能更容易做到。

第三个视角,从综合资源规划的角度。2020年是"十四五"规划编制之年，现在围绕的核心焦点问题是关于煤电是不是大规模建设的问题，确实争论得非常激烈。目前全国各地 3%～5% 的尖峰负荷分布基本都在 50h 之内，如果用供应侧去投资的话，尤其是大量建设化石能源电厂的话，仅从投资量来讲，至少需要 5000 亿元以上的规模去满足，而我们如果用需求侧资源，预计在 1/10～1/7 的投资，主要是智慧能源新基建的投资，起步可以用最基础的需求响应项目就可以实现。

第四个视角，从能源互联网的角度。从 2015 年新一轮电改以来，和改革同时兴起的就是能源互联网新技术和新业态的推进。能源互联网和需求响应、虚拟电厂有非常高度的重叠。从局域能源互联网角度来看，其实就是需求响应进化的一种形式，我们讲需求响应首先更多的是狭义地讲可调负荷，包括储能电动汽车，更多地把它当作一种符合用户理念的资源，但接下来分布式能源的纳入，使得我们整个需求资源内涵又发生质的提升，更多以微电网、局域能源互联网的形式来做需求侧资源。再往下发展就是一种广域能源互联网的形式，形成跨空间的源网荷储的集成和协同。

第五个视角，从能源革命的角度来看。我们理解能源革命有两个维度。第一个维度是主力能源品种的更替，从化石到非化石，从高碳到低碳，这叫能源革命。第二个维度是整个能源系统的控制和优化方式，这是一种颠覆式变化，是更为深刻的能源革命。从电力工业诞生一百四五十年以来，整个电力行业一直是 top-down 的控制和优化方式，如我国的五级调度体系。但是当需求侧资源不断引入之后，接下来我们在能源互联网中提出的，以使用者为中心，将会越来越充分地实现，在那样一个情景之下，控制和优化的方式就是 bottom-up 的方式。

所以，在那种情形下，我们将是一种跨空间的、广域的源网荷储的集成商。需求响应刚刚兴起的时候是少量的负荷集成商，再往后发展就不是了，是综合资源集成商，是源网荷储的集成商。再往后发展，整个行业的主力，在我们市场平台上唱主角的将是这些聚合商。在那个情况下，我国五级调度体系就会发生根本性的变化。

五、总结

首先，发展虚拟电厂意义重大。一是可以提高电网安全保障水平。当前我国中东部地区受电比例上升、大规模新能源接入、电力电子装备增加，对电力系统平衡、调节和支撑能力形成巨大压力。将需求侧分散资源聚沙成塔，发展虚拟电厂，与电网进行灵活、精准、智能化互动响应，有助于平抑电网峰谷差，提升电网安全保障水平。二是可以降低用户用能成本。从江苏等地试点看，参与虚拟电厂后用户用能效率大幅提升，在降低电费的同时，还可以获取需求响应收益。如江苏南京试点项目平均提升用户能效 20%；无锡试点项目提高园区整体综合能源利用率约 3 个百分点，降低用能成本 2%，年收益约 300 万元。三是可以促进新能源消纳。近年来，我国新能源装机容量快速增长，2019 年新增风电、光伏装机容量 5255 万 kW，占全国新增装机容量的62.8%，但部分地区、部分时段弃风弃光弃水现象仍比较严重。发展虚拟电厂，将大大提升系统调节能力，降低"三弃"电量。四是可以节约电厂和电网投资。我国电力峰谷差矛盾日益突出，各地年最高负荷 95% 以上峰值负荷累计不足 50h。据国家电网测算，若通过建设煤电机组满足其经营区 5% 的峰值负荷需求，电厂及配套电网投资约 4000 亿元；若建设虚拟电厂，建设、运维和激励的资金规模仅为 400 亿~570 亿元。

其次，当前发展虚拟电厂还存在以下几个突出问题。一是认识不到位。目前，我国虚拟电厂处于起步阶段，其组织、实施和管理基本上还是沿袭需求侧管理的旧模式，没有树立起将需求侧资源和供给侧资源同等对待的理念，没有形成体系化、常态化工作机制，没有下定持续推进的决心。二是管理部门不明确。虚拟电厂属新业态，目前遵循的是国家发展改革委、工业和信息化部、财政部、住房城乡建设部、国务院国资委、国家能源局等六部门于 2017 年发布的《电力需求侧管理办法（修订版）》，但牵头部门不明确，管理职能有交叉，协同发力不足。三是规范标准不统一。国家层面没有文件，潜力巨大的分布式发电无法进入，限制了虚拟电厂发展空间。没有虚拟电厂方面的国家、行业标准，各类设备及负荷聚合商的通信协议不统一，数据交互壁垒高、不顺畅，增加了建设难度和成本。四是激励和市场化机制不到位。目前，仅有 8 省市出台了支持政策，但激励资金盘子小、来源不稳定，难以支撑虚拟电厂规模化发展。各地电力辅助服务市场和现货市场建设中，除华北地区开展小规模试点外，没有将虚拟电厂作为市场主体纳入。

综上，我们应从以下几个方面来推动虚拟电厂：

一是尽快启动虚拟电厂顶层设计。建议由国务院层面出台《虚拟电厂建设指导意见》，明确虚拟电厂定义、范围，积极培育"聚合商"市场主体，建立虚拟电厂标准体系，明确能源主管部门牵头建设虚拟电厂。

二是加快实施虚拟电厂"新基建"。政府部门统筹规划，充分引入华为、腾讯、阿里巴巴等先进信通和互联网平台企业，搭建虚拟电厂基础平台。聚合商在基础平台上建设各类运营平台，为广大用能企业提供一揽子智慧能源服务。

三是加快完善激励政策和市场化交易机制。丰富虚拟电厂激励资金，来源可包括尖峰电价中增收资金、超发电量结余资金、现货市场电力平衡资金等。加快完善虚拟电厂与现货市场、辅助服务市场、容量市场的衔接机制。

四是推进虚拟电厂高质量规模化发展。应考虑将发展虚拟电厂纳入各级"十四五"能源规划并进行考核。建议在全国范围复制推广虚拟电厂的"江苏模式"。"江苏模式"主要特征有两点：一是政府主导平台建设和运营，提供公平、开放、免费服务；二是社会资本主导虚拟电厂建设和运营，培育了数目众多的市场化"聚合商"，实现了技术快速迭代、成本快速下降。同时支持江苏结合现货市场和辅助服务市场建设，进一步提升虚拟电厂发展水平。

第**1**章

虚拟电厂的起源

1.1 从"三电办"到需求侧管理

1.1.1 "三电办"——中国特色的需求侧管理

20世纪90年代，我国电力供应紧缺，"电荒"频发。"三电办"在此特殊背景下成立，其是代表政府行使用电管理的部门，主要通过行政手段进行"计划用电、节约用电、安全用电"的工作（故称为"三电办"），在缓解供需矛盾、促进节约用电方面发挥着重要的作用。其主要手段是指令性分配用电指标，实行计划用电，对于超标企业采取的方式为强行拉闸限电[1]。

计划用电就是根据国家对电力实行统一分配的政策、规定，在各级政府领导下，组织国民经济各部门、各行业，对发电、供电和用电实行综合平衡，科学管理，以保证电网的安全经济运行，发挥电力资源的最大经济效益。计划用电的实质就是调整负荷、均衡用电，即根据电力资源，通过计划、削峰填谷、提高负荷率，使负荷曲线平稳，达到发、供、用电的综合平衡。

计划用电的主要任务包括：按国家政策，对电力实行统一分配；使用电负荷在时间上均衡；对分配的电力、电量指标进行监督、控制、考核。

实践证明，搞好计划用电，可保持电力工业和其他部门发展的比例关系，保证国民经济正常发展，做到发、供、用电的综合平衡，保证电网安全运行，并在一定程度上缓解电力供需矛盾，维护社会安定。尤其是在电力紧缺的情况下，坚持计划用电凸显重要意义。

节约用电围绕"开发与节约并重，把节约放在优先地位"的战略方针，不断增强全民节电意识，树立全社会长期节电思想。通过科学管理，大力开展以节电为中心的技术改造和结构改革，提高以定额管理为中心的节电管理水平，并不断地挖掘节电潜力，提高电能利用率，从而以最少的电力消耗取得最大的社会经济效益。

节约用电的主要任务包括：实施产品电耗定额的制订管理，按产品对用户下达电耗定额及年节电量指标，组织电能平衡测试，淘汰改造高耗电设备，推广节电措施，应用节电新技术、新工艺、新材料、新设备，开展经验交流，进行监督、检查、考核，实行奖优罚劣。在电力供需矛盾突出的情况下，如何使有限电力发挥出更大的效益，更是节电管理工作的一项重要任务[2]。

通过节电工作，可有效促进行业与产品结构的调整，推动工艺流程的改革和设备、技术的更新换代，不断地提高电能利用率、科学管理水平，从而带动国民经济的发展。对于企业而言，可有效减少电费开支、降低成本、提高经济效益。

安全用电按照"安全为了生产，生产必须安全"的基本原则，以及电力生产的特点两大主线，不断巩固提高电气工作人员基本素质、设备完好率，通过监督、检查、指导等方式，强化安全组织、技术措施的管理，从而保证电能质量以及电网的安全、合理、经济运行。安全用电作为"三电"工作之一，主要通过安全教育，普及安全用电常识，执行安全规程、制度，推广应用安全技术措施等，确保人身、设备安全和电网安全运行，提供质量合格的电力产品。

1.1.2　需求侧管理在中国的引入和发展

需求侧管理（Demand Side Management，DSM）最初由美国学者 C. W. Gellings 于 1981 年提出，用来应对能源危机，减少能源消耗，开始大力推广电力负荷控制系统。它改变了传统规划中单纯以供应满足需求的思路，将需求侧节约的电力和电量也视为一种资源，供给方与需求方两种资源综合比较，按最小费用的原则寻求优化方案，使其产生最大的社会效益及经济效益[3]。国内外大量研究认为，由于供给侧发电设备及电网的构建相对于电力需求的增长总是存在相应的时滞，不能很好地满足大型电力企业的调度需求，因此为了维持电力供需平衡，不能仅从电力供给侧着手，更应从电力需求侧入手进行规划管理活动。

根据我国电力需求侧管理标准化技术委员会定义，电力需求侧管理是指加强全社会用电管理，综合采取合理、可行的技术和管理措施，优化配置电力资源，在用电环节制止浪费、降低电耗、移峰填谷、促进可再生能源电力消费、减少污染物和温室气体排放，实现节约用电、环保用电、绿色用电、智能用电、有序用电。

随着我国电力市场的发展，政府逐步减少对各市场主体的行政干预，并鼓励运用经济手段对市场需求进行调节。传统电力需求侧管理在 1993 年正式引入我国，其工作定位是"提高电能使用效率、保障电力供需平衡"。那时恰逢国内电力消费需求旺盛，但电力工业发展水平较低、电力投资不足、屡屡遭遇缺电之困。需求侧管理通过能效管理、负荷管理、有序用电等来转移负荷，削减峰谷差，是调节供需关系、保障电力系统安全稳定运行的重要手段。无论是电力紧张时期保平衡、提能效，还是电力宽松时期促电力结构优化，电力需求侧管理都发挥了重要的作用，成为系统运行中不可或缺的重要资源[3]。

据有关资料分析，在 2003 年全国缺电时期，70% 以上的电力缺口是通过需求侧管理的有序用电措施得以缓解的。据估算，1993～2010 年，通过开展需求侧管理，中国实现累计节电 2800 亿～3000 亿 kWh，最大转移负荷超过 3000 万 kW，节约能源超过 1 亿吨标准煤。需求侧管理作为优化配置电力资源的有效方式，不仅在平衡电力电量、提高电网负荷率、有效减轻缺电矛盾上发挥了重要作用，而且对于促进电力行业节能减排约束性目标的实现，促进资源节约型和环境友好型社会的建设发挥了重要作用。

自 21 世纪初以来，我国陆续出台了电力需求侧管理相关法律法规。其中，最有代表性的是《关于加强电力需求侧管理工作的指导意见》（2004 年）、《电力需求侧管理办法》（2010 年）、《关于做好工业领域电力需求侧管理工作的指导意见》（2011 年）、《有序用电管理办法》（2011 年），以及《电力需求侧管理城市综合试点工作中央财政奖励资金管理暂行办法》（2012 年），这些政策确立了我国电力需求侧管理的组织体系、奖励政策及资金来源。从内容上来看，一是需求侧管理定义的变化，由"实现最小成本电力服务所进行的用电管理活动"到"提高电力资源利用效率，改进用电方式，实现科学用电、节约用电、有序用电所开展的活动"；二是从需求侧管理目的看，由"将通过需求侧管理节约的电力和电量，作为一种资源纳入电力工业发展规划、能源发展规划和地区经济发展规划"，扩展到"电力需求侧管理是实现节能减排目标的一项重要措施"；三是形成了政府主导、电网为管理主体、电力用户直接参与、中介组织服务的体系；四是形成了规划引导、标准规范、电价调节、财政支持的管理运行机制；五是形成了鼓励采用低谷蓄能，及季节电价、高可靠性电价、可中断负荷电价等电价制度；六是在技术方法上，要求电网企业建立电力负荷管理系统开展负荷监测和控制，鼓励电网企业采用节能变压器、合理减少供电半径、增强无功补偿，引导用户加强无功管理实现分电压等级统计分析线损等，鼓励用户采用高效用电设备和变频、热泵、电蓄冷、电蓄热等技术优化用电方式；七是在电力供应不足时，需求侧管理将更多地通过行政措施、经济手段、技术方法，依法控制部分用电需求等有序用电方式[4]。

1.1.3 "三电办"与需求侧管理

需求侧管理可以实现移峰填谷、优化负荷曲线的作用，是解决季节性、阶段性、随机性缺电的较好的方法。同时，它还可以实现资源的优化配置，带来电力行业的可持续发展。

"三电办"方式与"电力需求侧管理"都可实现缓解缺电形势、节约电能资源的作用，但需求侧管理是一种更为科学、进步的方法。具体表现在以下几点[1]：

第一，"三电办"体现了政府对电力市场的行政干预，"电力需求侧管理"则主要表现为一种经济手段。

第二，"三电办"工作中的节约用电强调减少电能的消费，而"电力需求侧管理"中的节约用电指减少电能的浪费。在以往"三电办"工作较受重视的时期，电能资源紧缺，基本属于"硬缺电"，因此节约用电的做法就是尽量减少电能的消耗，即紧缩消费。而"电力需求侧管理"提倡战略性节电，即通过提高电能的利用效率、减少电力资源的浪费，达到节约能源的目的。这是一种既能保证经济发展，又能减少能源消耗的方式。

第三，"三电办"方式代表的还是传统的"以产定销"的做法，而"电力需求侧管理"综合考虑各方利益，实现整体资源的优化配置。"三电办"开展计划用电，是一种根据电力生产能力分配用电指标的"以产定销"的方法，站在电力生产者的角度开展用电管理工作，很难做到全面考虑用户以及社会的效益损失。开展电力需求侧管理，不仅考虑到电力企业自身的利益，还顾及用户以及全社会的整体效益，实现电力系统以及社会资源的优化配置，实现各方的共赢。

"三电办"方式与"电力需求侧管理"也存在一定的联系，具体表现为

第一，"三电办"的职能和开展"需求侧管理"都可缓解缺电形势，并获得节约电能资源的效果。无论是"三电办"所实行的计划分配用电指标，还是开展需求侧管理，引导用户移峰填谷，都可在一定程度上解决缺电矛盾。同样，两者都强调电能的节约使用，减少资源的消耗。

第二，两者在"安全用电"问题上是统一的。"三电办"的职能之一是开展"安全用电"工作，而电力需求侧管理可以优化负荷曲线，有利于电网及电厂的安全运行。因此，两者在"安全用电"这一点上达到统一。

第三，两者可以配合使用，更好地缓解缺电问题。针对我国电力市场的实际情况，可以将"三电办"的职能与电力市场营销结合起来使用，即在一定情况下利用行政手段保证需求侧管理的实施，这样将为开展需求侧管理扫清阻力，获得更好的实施效果。

1.2 需求侧管理的实施障碍 ◀◀◀

电力工业市场化改革对传统的需求侧管理产生了直接的影响，导致其实施的基础不复存在，这一影响主要体现在三个方面：

第一，电力企业的商业化使得需求侧管理与其经营目标相互冲突[5]。电力市场化改革要求每一个市场主体都是独立商业化运营的个体，其经营目标是利

润最大化。实施需求侧管理项目，将会造成电量损失或电价损失，使电力公司短期电费收入下降，这与其经营目标发生直接冲突。同时，对独立运营的电力企业再大量予以政府补贴也不现实，所以在电力市场化改革后，传统的需求侧管理项目已无法再找到传统的垂直垄断同时兼有一定公共服务职能的电力公司作为责任主体。

第二，电力工业结构重组使得需求侧管理的效益被高度分散。电力工业市场化改革伴随着电力工业组织结构的拆分，传统的一体化的电力公司被拆分为多个发电、输电、配电、和售电主体。排除公共服务职能和社会责任，传统的一体化电力公司对推行需求侧管理项目还有其自身的激励，这是因为其可获得免发电和免输配电成本的全部效益。在电力工业拆分重组后，这部分效益也随之被高度分散，从而导致任何一个主体都无法获得足够的经济激励来推动需求侧管理项目。对于发电公司和售电公司，如前所述，由于需求侧管理项目会导致售电量和售电收入的下降而与其经营目标产生冲突；对于输配电网公司而言，虽然需求侧项目可减少电网扩容成本，给他们带来好处，但一方面，这一效益仅仅是需求侧管理全部效益的一小部分，另一方面，在电网公司和售电公司相互独立的情况下，电网公司因为已经不再接触用户而很难作为需求侧管理项目的承担者。

第三，电力零售竞争使得需求侧管理项目商业化运营的风险加大。在电力市场化改革前，也有一些需求侧管理项目，尤其是能效服务项目，已被成功地由第三方（能效服务公司等）进行商业化运作。在引入电力零售竞争后，零售商的全部注意力都被置于价格竞争和扩大售电份额上面，从而对在其服务区内提供需求侧管理项目的第三方倾向于采取不合作的态度，在信息、电量数据和结算方面制造障碍。同时，由于零售价格的波动也导致这些需求侧管理项目的收益不确定性增加，加大了提供方和参与用户的风险，使项目的融资也愈加困难，从而出现了在引入零售竞争的区域，其传统的需求侧管理项目迅速萎缩的现象。

综上所述，电力市场化改革打破了传统需求侧管理的实施基础，但随之催生了新型需求响应项目的蓬勃发展。

1.3 从需求侧管理到需求响应 ◄◄◄

1.3.1 需求响应的产生背景

随着我国经济发展进入新常态，用电增速放缓，电力供需形势逐渐逆转，解决电力短缺已不再是传统需求侧管理的首要目标。同时，能源电力进入低碳战略转型期，无论是宏观经济还是行业发展都呈现出新的态势。秉承"创新、协调、绿色、开放、共享"的发展理念，能源电力转型步伐加快，可再生能源大规模发展，这为电力需求侧管理赋予了新的机遇和使命，电力需求侧管理的工作重心从保障供需平衡向多元化目标转变。

在这种情况下，"电力需求侧管理"这个名称对于描述当前需求侧资源发挥作用的方式已经不够准确，应称其为"电力需求响应"。"电力需求响应"和"电力需求侧管理"在管理上的本质已发生了变化，前者也可看作是广义上的"管理"范畴，但其管理的主要特点非强制性的行政手段，而是通过释放市场信号驱动用户自愿响应。

电力需求响应，简称需求响应（Demand Response，DR），是随着电力工业市场化改革和电力市场建设，从电力需求侧管理演变进化而来，主要通过市场手段和价格工具，影响和调节需求的时间和水平，挖掘需求侧响应资源，提升需求侧响应弹性，从而约束供应侧市场力，压制批发市场价格波动，既可提高电力系统运行稳定性，又能提升电力市场的运行效率；同时，将需求侧响应资源与供应资源在各类市场和综合资源规划中平等甚至优先对待，起到提升社会整体资源的利用效率和提高社会整体福利的重要作用[3]。

从 20 世纪 70 年代石油危机中兴起的综合资源规划（Integrated Resources Plan，IRP）和最小成本规划（Least Cost Plan，LCP），到其后的需求侧管理，以及其后的电力工业解除管制和市场化改革浪潮，再到电力市场与需求侧管理共同孕育出来的需求响应，它们之间有着直接的因果脉络关系。

石油危机期间，随着能源资源价格的上涨，人们开始思考这样一个概念，减少需求所承担的成本或许比增加供应的成本更低。由于当时石油、天然气等终端能源产品的价格受政府管制，很多时候这些管制后的价格甚至低于边际供应成本，使得消费者根本没有激励去进行节约，也使得扩大供应无利可图。基于这些原因，一些负有普遍服务义务的公用事业公司开始考虑通过对消费者减少消费的行为提供补偿，来激励消费者的节约，并降低整体的成本回收型价格的增长速度。整个 20 世纪 70 年代，西方各国的管制性终端电价都在持续增长，但终端用电消费总量也仍然在同步增长，因为与石油对比，石油价格增长得更快。

到了 20 世纪 80 年代，世界石油价格崩溃，但西方各国电价仍在继续攀升，这是由于前期新增发电容量过多，导致容量冗余现象产生，管制性电价只能继续上涨才能回收容量成本。电价的上涨使得电力需求更是低于原来的预测水平，从而导致容量冗余进一步加重，推动电价继续上涨。

到了 20 世纪 80 年代末期，虽然西方各国的电力容量冗余现象严重，管制性电价都普遍处于边际成本之上的水平，但各国管制机构还是在学术界的推动下，开始引入从最小成本规划思想中衍生出来的需求侧管理项目。这些需求侧管理项目的主要形式就是由公用事业公司提供补贴来减少消费者的消费。在当时的供大于求的情况下，要让公用事业公司为需求侧管理项目提供补贴，那只有进一步提高价格。各国的管制机构虽然认识到了这一点，但受思想和政策惯性影响，仍然批准了这些计划。其结果是，需求侧管理项目的执行降低了需求，更进一步恶化了容量过剩问题，加上执行需求侧管理项目所需的补贴因素，两方面的作用又再次推高了管制性价格。

进入 20 世纪 90 年代，高企的管制性零售价格和走低的边际成本之间的差距越来越大，使得要求引入电力竞争的压力也越来越大，尤其是来自那些希望获得低廉的批发价格的大用户的压力。那么，有关电力竞争和放松管制的理论和学说也在该背景下产生，于是西方各国相继开始了大规模的电力系统的拆分和电力管制的放松。随着电力竞争的发展，公用事业公司的垄断日益削弱，在失去了这一垄断基础后，靠补贴支撑的需求侧管理项目也随之逐步淡出。

进入 21 世纪，尤其在加利福尼亚州电力危机之后，一部分需求侧管理项目如能源效率项目开始有所恢复，而更重要的，则是以电力市场为基础、以动态电价为主流的需求侧响应从传统需求侧管理项目中脱胎而出，获得了蓬勃发展。

2008 年全球金融危机爆发后，世界经济呈现出与 20 世纪石油危机期间相似"症状"，而我国电力工业也面临与当年西方国家相似的问题：各种能源资源价格争相上涨并出现巨幅波动，电力供需两侧在猛增之后的容量冗余现象出现端倪。同时，我国经济受资源和环境的制约矛盾也日益突出。国民经济，包括电力工业的粗放式发展已没有出路，内部自身要求和外部国际压力都迫使我国在提高能效、降低能耗、减少排放上做出前所未有的努力。因此，综合资源规划和需求侧管理再次受到有关部门的高度重视。

但是，如果我们现在还停留在传统的需求侧管理的理念和项目内容上，则势必会陷入与当年西方国家相类似的恶性循环的怪圈。同时，需求侧管理项目的实施和推进还将面临实施主体缺位、激励和动力严重不足的尴尬局面。

我国开展的需求侧管理工作主要有峰谷分时电价和负荷控制两项，它们均为负荷调节的范畴，其实施主体为电力公司。电力公司实施需求侧管理项目的激励主要在于保障平安度过负荷高峰期，可视为政治任务。经济上则没有激励，甚至为负激励，原因是从电力公司的角度，峰谷、丰枯电价的实施，就是通过一定幅度的让利来引导用户错峰用电，这些用户的加权平均电价必然要低于其实施前的目录电价，故存在电价损失，而负荷控制的实施则存在电量损失。同时，对参与负荷控制的用户也没有经济补偿，基本上等同于行政手段，传统的拉闸限电手段在供需紧张的时候也仍然大量采用，但用户对其合法性也逐步产生了质疑。

至于需求侧管理的另一大类内容即能源效率项目，虽然受到了政府部门的高度重视，但对于电力公司，无论是从政治上还是经济上都完全不产生激励。因为能源效率项目导致的是整个用电曲线的下调，这与分时电价、负荷控制等"整形"项目相比，所带来的电量损失更大且无从弥补。所以，电力公司对能源效率项目的参与度非常低，导致推进困难。

如果让相关政府部门和非政府组织来作为能源效率项目及其他需求侧管理

项目的实施主体的话，则直接面临财力和人力的约束。而如果我国参照国外曾采取的从电价中加几个百分点作为需求侧管理补贴专项基金来加大这些项目的经济激励的话，则无疑会提升电力零售均价，西方国家 20 世纪 80 年代末期出现的情景当时将会在我国重现；另外，随着电力系统的拆分，以及垄断体系的破除，我国电力工业组织结构也在逐步优化。那么，传统的补贴型需求侧管理赖以存在的两大基础：垄断性实施主体和补贴性财政激励，实际上都将成为历史。因此，传统的需求侧管理必然要重新确定方向，那就是升级变革为需求响应。

前面阐述了从需求侧管理变革为需求响应的历史背景和必然性，而需求响应产生和发展的另一条主线则是在电力市场的建设和完善过程中，从对需求侧的完全忽略发展到将需求侧全面引入电力市场，并将其与供给侧资源同等对待。随着对需求响应资源的认识程度的加深，区域综合资源纳入规划，将需求响应资源置于优先于一切供应侧资源的位置，这也充分展示了其不断发展的过程。

在加利福尼亚州电力危机之前，各国的电力市场主要以电力库的形式为主，这种电力库仅是以发电侧参与为主，基本上将需求侧摒弃在外。同时，绝大多数国家和地区的零售电价都还是管制性的，即使开放了零售市场的地区，其批发市场和零售市场之间也还是绝缘的，消费者根本不关心也无法及时得到批发市场的价格信息。

在加利福尼亚州电力危机之后，人们逐步认识到了加利福尼亚州电力市场的失败，究其原因主要是需求响应手段的缺失，同时也深刻地认识到了需求侧在电力市场中的重要性。一个完善的电力市场必须是让需求侧全面参与各类市场价格的设定过程，并自行进行风险管理。2005 年 4 月，美国电力消费者资源委员会（ELCON）发布了一份特别报告，描述了关于组织市场的问题。报告指出，组织市场普遍存在三个缺陷：一是供应者和需求者无法互动产生市场价格；二是没有足够的自我调节能力去取得有效的定价结果；三是所有的市场机制似乎是经过精心设计的各种有效市场成分的融合，但由于消费者最终支付的价格始终是由供应者经过一系列复杂投标组合再加上管制的价格设定程序所决定的，最终的结果是整个市场机制的失败。

萨莉·亨特所著的《电力竞争》一书中指出，为了使电力工业体现竞争性，必须在放松管制前完成5项重要改革，其中第一项就是"需求侧：对绝大多数用电量（而不是绝大多数用户）实行分时计量，并通过计价方式使用户了解到他们所用电量的实时价格"，这在业界已基本得到了公认。

2005年，美国国会通过能源法2005（EPAct 2005），其中一章专门阐述和部署了电力需求响应，该法案规定了美国能源部、美国能源管理委员会、各州管制机构在加快推进需求响应方面的职责，并对供电公司在推进需求响应方面给出了强制性的目标和时间节点要求。在欧洲，英国的天然气管理办公室和北欧电力市场都在其近几年的年度报告中着重阐述了需求响应的重要性，以及各个市场在推进需求响应方面所做的工作和取得的成效。

从2007年开始，智能电网的热度在全球迅速攀升，而作为主要内容之一的需求响应，以及与之紧密相关的先进计量技术和智能用电技术随之也受到了更加广泛的关注。同年4月，美国能源部举行了"智能电网周"的研讨会，此后，PJM发布了"将智能电网概念引入家庭"的战略规划报告，5月3日，美国国会举行了"促进电网智能化转化"的听证会，8月4日，美国众议院通过了"能源独立、国家安全和消费者保护法案的新指令"，其中包含"2007智能电网促进法案"。2008年9月，欧盟委员会发布了"未来欧洲电网的战略部署"，将智能电网作为欧洲能源安全政策和持续发展目标的一个主要的组成部分。2009年7月，中国国家电网公司提出建设"统一坚强智能电网"的目标，明确建设以特高压电网为骨干网架，各级电网协调发展，具有信息化、自动化、互动化特征的国家电网，这可以看作是智能电网在我国国家层面的首次正式提出。

与美国和欧洲对智能电网的实践和研究情况相比，我国起步几乎处于同一位置，但理念与侧重点有所偏差，对需求侧的充分参与以及需求响应资源挖掘的重视程度不够，对与需求响应相联系的先进计量技术和智能用电技术也缺乏应有的重视[6-8]。

1.3.2 需求响应的基本概念

1. 需求响应的定义

需求响应是以智能电网为技术支撑，电力用户根据电力市场动态价格信号和激励机制，以及供电方对负荷调整的需求所自愿做出的响应，在满足用户基本用电需求的前提下，通过改变原有的用电方式实现负荷调整的需求，达到提高系统消纳可再生能源电量并保障电力系统稳定运行的目的。由以上定义可看出，需求响应既要满足负荷侧需求，又要适应供给侧的特点，还要保障电力系统的安全运行。随着需求响应所发挥的调节作用越来越大，可缓解供应侧容量资源的压力，减少供应侧、电网侧尖峰的资源建设，实现资源优化配置，促进能源结构优化、推动能源供给侧结构性改革[3]。

在这种环境下，需求响应的提出打破了传统发电、用电侧之间的界限，以一种新的区域化集成管理模式，实现需求侧分布式能源和柔性负荷的综合协调控制[9]。其以智能电网为技术平台，用户根据电力市场动态价格信号和激励机制以及供电方对负荷调整的需求自愿做出响应，在满足用户基本用电需求的前提下，通过改变原有用电方式实现负荷调整的需要。

2. 需求响应的分类

根据 FERC（美国联邦能源管理委员会）分类法，需求侧响应分为激励型需求响应和价格型需求响应。激励型需求响应是直接采用激励政策和补偿方式来激励和诱导用户参与各种系统所需要的各种负荷削减项目。价格型需求响应是让终端消费者直接面对基于时间和空间位置的价格信号，并自主做出用电时间和方式的安排和调整。激励型需求响应包括直接负荷控制项目、可中断或可削减负荷项目、需求侧投标项目、电量回购项目、紧急需求侧响应项目、容量市场项目、辅助服务市场项目；价格型需求响应包括分时电价、关键峰荷电价和实时电价等。

激励型需求响应为消费者在系统需要和紧张时减少电力使用提供支付。消费者通过调整或削减生产，将负荷切换至非峰时期，或者运行现场的分布式发电机,降低他们在输电网和配电网上的需求。他们也将同时获得电费折扣或者直接得到激励支付。这些项目通常由那些垂直一体化的电力公司,或者其他的负荷服务机构,包括电力合作社、城市供电公司以及一些解除了管制的电力零售商,以零售电价为基础直接提供给消费者。在批发市场层面,需求响应的推动力来自于独立系统运营商或区域输电组织以及电力市场运行机构,他们出于维持系统稳定和市场稳定的原因或者经济的原因,发起一些需求响应项目。在批发市场的需求响应项目,通常由零售商将终端消费者的需求削减集成,提供给系统运营机构,以获得相应的激励。

价格型需求响应直接向终端消费者提供与批发市场价格一定程度挂钩的零售电价,消费者对价格信号做出反应,产生行为的或系统的消费改变。价格型需求响应由各种零售商设计并提供,也可以由管制机构在某类价格趋于成熟时将其作为默认电价强制规定下来。

在一般情形下,零售商和消费者签订在一定价格下向其供电的合同,然后设法在批发市场购买足够的电量和辅助服务来履行这些合同。在这种情形下,零售商面临一个最大的问题就是如何定价,如何对不同类型的消费者提供不同的价格选择;如何管理由于未来的消费者负荷以及批发市场价格双重不确定性造成的财务风险。也就是说,面对未来任意时段,零售商既无法精确知道他们的消费者将要消费多少电量,更无法预测届时批发市场的价格将会怎样。

所以说,当零售商向消费者提供固定价格服务时,他将面临双重风险:批发价格波动风险和负荷波动风险。价格和负荷都受许多因素共同影响,例如负荷对宏观经济形势和天气变化都很敏感;消费者在新增负荷时也不会通知零售商。所以零售商不可能依靠前向合同来恰好满足其用户的所有需求,而他们往往必须要购买稍多于预测负荷的电量和容量,然后再在现货市场转卖。

在电力零售价格的安排上可以有两个极端。第一个极端是对每一单位的电力消费都采用一个稳定的平价,也就是说,在合同期内每一小时的电力消费都为已知的固定合同价格。在这种情况下,供电公司承担全部批发市场价格波动的风险,所以这个平稳的价格中包含一个风险收益概念;而从消费者的角度来看,该风险收益相当于防范电力价格波动的一个保险成本。

另外一个极端就是供电公司只保证供应电量，而消费者价格完全和批发市场价格相联系。在这种安排下，供电公司的价格风险完全消除，他们只获得成本回收收益，而由消费者来承担所有批发价格的不确定性风险。这种选择一般只在某些电力市场中的大用户可以得到。

在这两个极端之间，存在着非常多可能的价格结构，对批发价格波动和负荷波动不确定性的风险分布也各有不同。有一种常见的安排是，在各个特定时段采用不同的价格，且这些时段划分和各时段价格事先已知，如季节电价、峰谷电价、丰枯电价等。另一种是时段划分不固定，但价格事先已知，如极限日电价和固定型关键峰荷电价。还有就是时段划分和价格都在事后确定，但对事件日总量事先确定的变动型关键峰荷电价，以及平常日采用固定默认电价，触发事件日后采用实时电价的组合方式等。

1.3.3 发展需求响应的重要意义

需求响应的重要意义体现在三个方面[6-8,10,11]：

第一，需求响应是电力市场改革后新的电力工业组织架构下需求侧管理的方向、主流和新生形式。

在电力市场改革前，需求侧管理只是作为垂直垄断的电力公司的一个负荷管理工具或是政府提升能源效率的手段。在市场改革后，需求响应已从一种负荷管理工具提升到与供应侧对等的系统资源，渗透到市场的各个环节和全部市场参与者。发电商可把需求响应当作其非计划停运的一种风险回避工具；系统运营商可把需求响应作为一个经济有效地匹配供需、保持系统稳定的工具；电网运营商可把需求响应作为一个缓解网络阻塞、改善当地供电质量和可靠性的一个工具；零售商可将其作为有效平衡顾客需求与已签合同购买量的工具；电力用户可以把它作为有效参与市场、管理自身用电成本和电价风险的工具。在零售市场、批发市场、系统安全市场和可靠性市场，需求响应资源都可作为与供应侧资源对等的资源而广泛参与其中：在零售市场，通过价格产品的创新，为消费者提供价格选择和价格导向；在批发市场，为系统运营商提供经济调度手段，作为增加市场灵活性的新的市场资源；在系统安全市场，则全面参与辅助服务市场、容量和备用市场的投标；在电网可靠性方面，同样提供分布的输配电网缓解资源，并在网络规划中作为与供应侧资源对等的资源考虑；在效率和环境方面，通过补偿峰荷容量，促进能源节约、效率提升和环境改善；最重要的则是后面要谈到的，作为一种新的市场资源和平衡制约供应侧市场力的重要工具。

第二，需求响应是电力市场建设中重要的稳定力量，是提升电力市场效率的重要手段，是综合资源规划的优先资源。

在一个有效的市场中，价格是由市场的买卖以及供需双方复杂的互动所形成的。但是在初期的电力市场，尤其是单边电力市场中，购买方没有也无法参与价格设定过程，从而价格也未能起到供需之间"防震锤"的作用，使得电力市场相比其他市场要不稳定得多。在加利福尼亚州电力危机之后，电力市场的稳定性问题受到了人们的普遍关注。理论界已经证明，单边开放的电力市场是无法依靠自身的调节机制实现稳定运行的。当市场上总供给大于总需求时，寡头厂商会通过价格竞争来淘汰边际成本过高的厂商，在这一过程中，电力市场是稳定而有效率的。而当电力市场的总供给与总需求趋于均衡或供不应求时，寡头厂商此时就具有强大的市场力来操控价格，造成市场价格飞涨，这时候的市场可以说是不稳定和缺乏效率的。由于受时间、资金、技术等因素制约，新厂商的进入有阻碍和滞后，即使价格波动最终会通过市场的自发调节而收敛到一个稳定值，但通常情况下价格长时间的大幅度波动现象是人们所不能接受的，因此就必须要有其他措施来保证电力市场的安全稳定运行。

需求响应就是保证电力市场稳定运行的一个有效措施。在电力市场中，寡头发电厂商操纵市场价格的能力，可用该厂商的市场均衡份额和消费者价格弹性的比值来表示。所以，要维持电力市场的稳定有两条途径：一个是减少其市场份额，但这难免也会损害发电规模经济性；另一个是提高需求侧价格弹性，也就是增加需求响应能力。很显然，将供应侧的集中度减少一半与将需求侧的价格弹性增加一倍，效果是相同的，且后者更容易做到，其实施成本和效率损失更小。

　　和许多国家特别是发展中国家一样,我国正走在了一条以单一买方开放模式为起步的循序渐进的电改道路上。从本国市场基础的实际情况和电力工业的承受能力考虑,这是正确的选择。但是,如果不从一开始就注重防范矫正单边电力市场固有的稳定性问题,这是非常危险的。因此,从这个角度理解,我国引入需求响应的意义重大,远远超出以往需求侧管理项目的局部地域性和单体性,已完全不是提升某个地区的用电效率的对策,而是提升整个电力市场的稳定水平和运行效率的对策。也就是说,要在根本的市场规则的设计和市场的搭建上,从起初就引入供应侧和需求侧双方资源来共同完成价格设定工作。

　　第三,需求响应是智能电网的主要和重要内容,是新型电力工业生产关系的主要表现形式。

　　2008年,美国总统奥巴马在当选之后不久即宣布将智能电网建设作为应对金融危机、创造新经济模式的国家战略,将电网从一个行业中间环节提升到了新经济和新社会生活方式平台的高度,旨在像当年引领互联网潮流一样,决心让美国再次引领一段新的"网络"潮流。因此,智能电网的关注点和落脚点已不单纯是电力系统的范畴了,而是要为所有用户提供一个智能化用电平台。通过智能电网实现对分散式资源,特别是需求响应资源的智能互动式整合,期望通过先进计量系统与智能型用电设施的推广和渗透,打造新的经济模式和社会生活方式的平台。

　　按照美国能源部供电和能源可靠性办公室的描述,智能电网就是能与需求侧互动的电网,不同于传统电网,它能连续不断地接受需求侧的反馈,并允许消费者更好地选择对电力的使用,从而降低成本,即为供给侧与需求侧提供了一条"双车道"。美国能源技术实验室给出的智能电网的功能和目标中很重要的一条就是使用户通过需求响应项目积极参与电网互动。在欧洲SDD报告中,智能电网的首要目标就是提供以用户为中心的解决方案,并能促进需求侧资源的参与。该报告同时指出,欧洲当前在智能电网方面的主要行动是要提高更小范围即分散的建筑中的电源系统与全系统之间的和谐互动;增加通信基础设施,允许潜在的数以百万计的成员在单边市场上进行操作和交易;激活需求侧,让所有的用户都能在系统运行中发挥出积极的作用。

综上所述，需求响应对提升能源效率、提高电力系统和电力市场的稳定性和运行效率都至关重要，同时需求响应作为智能电网的重要内容，已经超越了电力系统的范畴，成为新经济模式的平台和大国竞争的新的制高点。

1.4 虚拟电厂与需求响应 ◀◀

虚拟电厂（Virtual Power Plant，VPP）与需求响应既有联系，又有区别。实际上虚拟电厂是利用物联网技术聚合分散式资源，通过需求响应方式调节电力供给和电网平稳的一项技术。因此，需求响应是虚拟电厂发展的基础。虚拟电厂的侧重点在于增加供给，会产生逆向潮流现象；需求响应则重点强调削减负荷，不会发生逆向潮流现象，是否会造成电力系统产生逆向潮流是虚拟电厂和需求响应两者最主要区别之一。

虚拟电厂可理解为是需求响应的升级版。依据外围条件的不同，我们把虚拟电厂的发展分为三个阶段。第一阶段我们称之为邀约型阶段。这是在没有电力市场的情况下，由政府部门或调度机构牵头组织，各个聚合商参与，共同完成邀约、响应和激励流程。第二阶段是市场型阶段。这是在电能量现货市场、辅助服务市场和容量市场建成后，虚拟电厂聚合商以类似于实体电厂的模式，分别参与这些市场获得收益。在第二阶段，也会同时存在邀约型模式，其邀约发出的主体是系统运行机构。第三阶段是未来的虚拟电厂，我们称之为自主调度型虚拟电厂。随着虚拟电厂聚合的资源种类越来越多，数量越来越大，空间越来越广，实际上这时候应该要称之为"虚拟电力系统"了，其中既包含可调负荷、储能和分布式能源等基础资源，也包含由这些基础资源整合而成的微电网、局域能源互联网。

实际上在我国，第一阶段的虚拟电厂与需求响应几乎是同等的概念，可视为新型需求响应。它可完全实现自动调控，在电力供应紧张时，自动向用户发出削减负荷的需求响应信号，组成虚拟电厂的各类资源（相比传统需求响应，新增添了各类分布式能源）自动接收需求响应信号，通过自己的能量管理系统控制调整用电，并对需求响应结果自动进行报告。新型需求响应能够实现迅速、高效和精准的电力实时动态调控，能有效解决电力供给侧可再生能源发电带来的巨大不确定性，因此可被列入广义虚拟电厂的范畴。

参 考 文 献

[1] 张艳馥，刘万福，吴晓华，等. 从"三电办"到"电力需求侧管理"——如何解决目前的缺电问题及实施电力需求侧管理的建议 [J]. 能源技术经济，2004，16（4）：16-19.

[2] 蔺金梁，李新民. 三电知识讲座 [J]. 节能与环保，1990（4）：25-26.

[3] 王志轩. 中国电力需求侧管理变革 [J]. 新能源经贸观察，2018，64（9）：27-34.

[4] 韩吉琼. 电改背景下电力需求侧管理项目实施价值评估研究 [D]. 北京：华北电力大学（北京），2017.

[5] 刘吉臻，李明扬，房方，等. 虚拟发电厂研究综述 [J]. 中国电机工程学报，2014，34（29）：5103-5111.

[6] 刘宝华，王冬容，曾鸣. 从需求侧管理到需求侧响应 [J]. 电力需求侧管理，2005（5）：10-13.

[7] 曾鸣，王冬容，陈贞. 需求侧响应中的经济学原理 [J]. 电力需求侧管理，2008，10（6）：11-15.

[8] 王冬容. 电力需求侧响应理论与实证研究 [D]. 北京：华北电力大学（北京），2010.

[9] 卢锦玲，於慧敏. 考虑风电相依结构的虚拟发电厂内部资源随机调度策略 [J]. 电工技术学报，2017，32（17）：67-74.

[10] 刘宝华，王冬容，舒安杰. 对加州电力危机的再认识 [J]. 电力系统自动化，2007（7）：1-5.

[11] 刘宝华，王冬容，赵学顺. 电力市场建设的几个本质问题探讨 [J]. 电力系统自动化，2009，33（1）：1-5.

第 **2** 章

虚拟电厂概述

2.1 虚拟电厂的基本概念 ◄◄

2.1.1 虚拟电厂的定义

虚拟电厂的概念已提出20余年，21世纪初在德国、英国、法国、荷兰等欧洲国家兴起，并已拥有多个成熟的示范项目，其主要关注分布式能源的可靠并网，同时构筑电力市场中稳定的商业模式。同期北美地区推进相同内涵的"电力需求响应"，可调负荷占据主要地位[1]。目前我国虚拟电厂发展处于起步阶段，同时采用以上两个概念，一般认为虚拟电厂的范畴包括需求响应，两者本质相同，是同时存在的两个概念，区别主要在于包含主体的变化，前者是对后者的补充与拓展，后者是前者的子集。虚拟电厂不仅聚合了可调负荷，还重点关注近几年正大规模发展的分布式电源（Distributed Generator，DG）及储能。

结合已有研究和目前实践情况，虚拟电厂可以定义为是将不同空间的可调负荷、储能、微电网、电动汽车、分布式电源等一种或多种可控资源聚合起来，实现自主协调优化控制，参与电力系统运行和电力市场交易的智慧能源系统。它既可作为"正电厂"向系统供电调峰，又可作为"负电厂"加大负荷消纳，配合系统填谷；既可快速响应指令，配合保障系统稳定并获得经济补偿，也可等同于电厂参与容量、电量、辅助服务等各类电力市场获得经济收益。

需要注意的是，虚拟电厂并没有改变现有资源与电网的连接方式，而是相当于一个智能的"电力管家"，通过通信技术与智能计量技术，进行有效聚合、优化控制和管理，形成更加稳定、可控的"大电厂"，实现发电和用电的自我调节，为电网提供源网荷储售一体化服务。这些可控资源不受电网运行调度中心的直接调度，而是通过资源聚合商参与到电网的运行和调度中。

2.1.2　虚拟电厂的构成与分类

虚拟电厂的发展是以三类可控资源的发展为前提的，分别是可调负荷、分布式电源、储能。这是三类基础资源，在现实中往往会糅合在一起，特别是可调负荷中间越来越多地包含自用型分布式能源和储能，或者经过组合发展出微电网、局域能源互联网等形态，同样可以作为虚拟电厂下的一个控制单元。

相应地，虚拟电厂按照主体资源的不同，可以分为需求侧资源型、供给侧资源型和混合资源型虚拟电厂三种。需求侧资源型虚拟电厂以可调负荷以及用户侧储能、自用型分布式电源等资源为主。供给侧资源型虚拟电厂以公用型分布式发电、电网侧和发电侧储能等资源为主。混合资源型虚拟电厂则由前两者共同组成，通过能量管理系统的优化控制，实现能源利用的最大化和供用电整体效益的最大化。

下面我们从虚拟电厂的角度，对如何理解上述三类资源，以及我国几个重点的试点地区在这三类资源的资源量状况做一个梳理。

（1）可调（可中断）负荷

可调负荷资源潜力受调节意愿和调节能力约束，调节意愿主要受激励和价格机制决定，同时也受调节能力影响，调节能力则主要随技术进步而不断提升。对工业负荷而言，其主要的可调节潜力来自于非生产性负荷和辅助生产负荷，根据工业行业的不同，其负荷可调潜力均有较大差异。对商业和公共建筑负荷而言，其可调负荷主要是楼宇的空调、照明、动力负荷，占整个楼宇负荷的25%左右。对居民负荷而言，其可调负荷主要包括分散式空调、电热水器、电冰箱、充电桩等，占家庭负荷的25%～50%左右，但受分布散、单点容量小的影响，聚合难度较大。

可调负荷资源在质和量两个方面都存在较大的差别。在质的方面，可以从调节意愿、调节能力和调节及聚合成本性价比几个维度来评判。总的来说，非连续工业是意愿、能力、可聚合性"三高"的首选优质资源，其次是电动交通和建筑空调。在量的方面，调节、聚合技术的发展和成本的下降，以及激励力度的增加都有助于资源量的开发。2019 年国家电网组织完成了建筑、工业、居民、新兴负荷四大领域 22 类典型行业负荷特性分析。研究表明，在政策、技术、补贴到位且客户自愿的条件下，可调负荷潜力巨大，如钢铁、水泥、电解铝、楼宇、居民用电负荷中的可调节比例分别可达 20%、24%、22%、30%、50%。经测算，国家电网经营区可调负荷远期理论潜力可达 9000 万 kW；未来 3~5 年，通过加强技术研发、完善补贴政策和交易机制，可力争实现 4000~5000 万 kW，约占最大负荷的 5%。2019 年上海市也进行了详尽的资源摸底。经调研，在政策、技术、补贴到位且客户自愿的条件下，上海市可调负荷资源约 693 万 kW，主要包括工业 123 万 kW，商业 216 万 kW，居民 351 万 kW，电动汽车 2.45 万 kW。目前，上海开展需求响应试点的主要负荷以工业为主，商业为辅。考虑到上海市用电负荷结构，迎峰度夏（冬）期间空调负荷占比超过 40%，下一步主要对楼宇空调负荷进行潜力挖掘，包括普通办公楼宇、商务办公楼宇、大型商场、宾馆酒店的空调负荷。通过对上海已开展的非工空调需求响应试点、楼宇信息物理系统试点运营数据的分析，通过空调改造实现空调系统柔性调节，楼宇空调负荷可短时降低 25% 左右。经测算，上海市楼宇空调调节潜力为 216.37 万~253.54 万 kW，可快速调节潜力为 21.05 万~42.11 万 kW。

（2）分布式电源

分布式电源（分布式发电）指的是在用户现场或靠近用电现场配置较小的发电机组，以满足特定用户的需要，或者支持现存配电网的经济运行，或者同时满足这两个方面的要求。这些小的机组包括小型燃机、光伏、风电、水电、生物质、燃料电池等或者这些发电的组合。

当前我国对分布式电源（发电）的界定和统计还处在不够严谨的状态。据初步统计，截至 2018 年底，我国分布式电源装机容量约为 6000 万 kW，其中，分布式光伏约为 5000 万 kW；分布式天然气发电约为 300 万 kW，分散式风电约为 400 万 kW。在这里，一些符合条件的小水电未被纳入，小型背压式热电也因争议大暂未被作为分布式发电。而实际上从虚拟电厂的角度，对分布式发电资源的界定在于调度关系，凡是调度关系不在现有公用系统的，或者可以从公用系统脱离的发电资源，都是可以纳入虚拟发电的资源。从这个意义上来说，实际上所有自备电厂都是虚拟电厂潜在的资源，事实上在国际上这也是常用做法。

分布式燃机在国际上作为分布式发电的主力军，但在我国的发展因受气源和电网两头压制而举步维艰，与 2020 年达到 1500 万 kW 的规划目标差距较大。据一些文献资料，2025 年我国分布式电源技术可开发潜力约 16 亿 kW。其中光伏、风电、天然气发电和生物质发电占比分别为 79.9%、15.5%、3.1% 和 1.5%；经济可开发潜力约 2 亿 kW。

目前我国分布式发电发展较好的是江苏和广东两省。江苏省截至 2019 年底，分布式光伏装机容量 664 万 kW，天然气分布式能源项目已核准 46 个、发电装机容量 122 万 kW，其中区域式分布式能源项目 11 个、发电装机容量 105 万 kW，楼宇式分布式能源项目 35 个、发电装机容量 17 万 kW，但由于气价、电价等相关因素，部分天然气分布式能源项目存在停建、建成停运状况。

截至 2019 年底，南方电网经营区域内分布式能源总装机容量约 545 万 kW。其中，分布式光伏装机容量 395 万 kW，分散式风电装机容量 0.7 万 kW，天然气分布式能源装机容量 149 万 kW，占天然气发电装机容量的 6.2%，主要分布在珠江三角洲地区。

（3）储能

储能是电力能源行业中最具革命性的要素。储能技术经济特性的快速发展，突破了电能不可大规模经济存储的限制，也改变了行业控制优化机制。据中关村储能产业技术联盟不完全统计，截至 2019 年 12 月，全球已投运电化学储能累计装机容量为 809 万 kW，我国为 171 万 kW，初步形成电源侧、电网侧、用户侧"三足鼎立"的新格局。

目前储能发展较好的省份包括河北、江苏和广东，也正好是几个开展了虚拟电厂试点省份。

河北省张家口张北国家风光储输示范工程是世界上最大的多类型化学储能电站，规划建设储能工程70MW。其中一期规划建设储能20MW，已于2011年12月25日建成投产。使用四种类型的电化学储能电池，包括磷酸铁锂电池14MW/63MWh，全钒液流电池2MW/8MWh，铅酸电池2MW/4MWh，钛酸锂电池1MW/0.5MWh。二期规划建设储能50MW，2017年12月底建成投产3MW/9MWh电动汽车梯次利用电池、10MW/3.3MWh的电站式储能虚拟同步发电机。由于一期3.3万kW储能工程建设模式已不能适合当前发展需求，二期3.7万kW储能项目计划将储能电站建成多类型储能本体、装备、系统、电站于一体的综合检测认证和技术试验实证平台，通过提供综合检测认证和技术试验实证服务，实现电站盈利，并对电站储能技术不断迭代更新，开展大规模储能运行和试验检测及虚拟电厂运营模式的研究与探索，打造"平台型""枢纽型""共享型"的储能电站。河北省目前在建和拟建的多能互补、微电网、100MW先进压缩空气储能等11个项目的储能电站容量为25.15万kW。尤其是国际首创的100MW压缩空气储能示范项目由张北巨人能源有限公司投资8.5亿元建设，中国科学院工程热物理研究所提供技术支持，已经列入中科院先导A专项。

江苏峰谷电价差位居全国前列，存在良好的用户侧储能峰谷套利市场空间。截至2019年底，江苏已建成70座用户侧储能电站，总规模10.8万kW/75.3万kWh，电池类型主要是铅炭（铅酸）电池和磷酸铁锂电池。其中铅炭（铅酸）储能电站30座，总规模8.05万kW/64.1万kWh；磷酸铁锂储能电站34座，总规模2.28万kW/9.52万kWh，其余为钠硫电池和三元锂电池，占比较小。在电网侧储能方面，为缓解镇江东部地区夏季高峰期间供电压力，2018年7月建成了镇江10.1万kW/20.2万kWh电网侧储能项目，是迄今已建成的世界最大规模电网侧电化学储能项目。项目共包括8处站址，利用退役变电站场地、在运变电站空余场地及租用社会工业用地建设，采用了综合性能优良的磷酸铁锂电池技术，以及灵活便捷的储能预制舱设计方案。项目的投运在调峰、调频、事故应急响应等方面发挥了良好作用。目前，江苏电网侧储能还有近40万kW/70万kWh项目在建。在其他储能技术应用方面，江苏常州地区具备良好的盐穴资源，中盐集团联合华能集团、清华大学等相关单位建设了常州金坛 6 万 kW/30 万 kWh 盐穴压缩空气储能项目，该项目已于 2017 年 5 月列入国家试验示范项目，目前已开工建设，预计 2020 年底建成。

南方电网积极支持电化学储能发展，截至 2019 年底，南方五省区电化学储能总规模约 23 万 kWh，其中电源侧配合电厂调频的电化学储能容量约 10 万 kWh；参与电网调节的电化学储能容量约 9 万 kWh；参与用户削峰填谷的电化学储能容量约 4 万 kWh。2011 年，南方电网建设了国内首座兆瓦级电化学储能站（深圳宝清电池储能站），储电规模 18MWh。2018 年 11 月，南方电网首个兆瓦级电网侧储能电站（深圳 110kV 潭头变电站储能）成功投运，储电规模 10MWh。随后，南方电网范围内最大的用户侧储能电站（从化万力轮胎储能项目）也正式并网运行，储电规模 36MWh。随着调频辅助服务市场建设运营，发电侧储能调频应用发展很快，目前在广东电网范围内已开展的储能辅助 AGC 调频项目（包括招标、在建和已投运）22 个，占全国同类项目近一半。截至 2019 年底，广东已投运电化学储能约 12 万 kW。从应用分类来看，电源侧储能总装机容量 10.2 万 kW（共 8 家电厂），电网侧储能总装机容量 729 万 kW，用户侧储能总装机容量 0.8 万 kW。

2.1.3　虚拟电厂的典型特征

虚拟电厂作为一类特殊的电厂参与电力系统的运行，具备传统电厂的功能，能够实现精准的自动响应，机组特性曲线也可模拟常规发电机组，但与传统电厂相比，虚拟电厂具有几点显著的特征[2-4]：

第一，虚拟电厂所包括的资源具有多样性。虚拟电厂既可以将风电、光伏发电、微型燃气发电机组、小型水电机组等多种分布式能源与余热余压回收、变配电节能技术等技术性节能资源进行合理组合，实现多种能源联合供应，保障电力系统的用电需求，又能利用分时电价、可调负荷等方式，改变用户用能行为，提升系统运行效率。

第二，虚拟电厂的构成资源具有环保性。一方面，虚拟电厂通过节能技术和负荷管理手段以降低电力需求，以低排放甚至零排放的运行管理方式实现了虚拟电厂电力生产。另一方面，虚拟电厂有效聚合了分散的清洁能源机组，并与传统能源发电机组实现了互补协调调度，抑制了可再生能源电力的随机波动性，实现了其并网运行与市场交易。

第三，虚拟电厂的运营过程具有协同性。虚拟电厂所涉及的分布式能源具有地域分散性。虚拟电厂通过系统控制中心实现了对不同区域、不同特性的分布式能源的集中管理，区域内多种形态的电源与不同特征的用电负荷实现了有效聚集和高效控制。虚拟电厂通过整合电源资源、可控负荷资源、储能资源等，全面参与电力产业链中的所有环节，与多种电力市场参与者形成良性互动。不同虚拟电厂运营管理者能通过相互协助与共同合作来促使虚拟电厂参与不同类型电力市场的交易。

第四，虚拟电厂可促进电力市场的竞争。虚拟电厂所生产的电，可实现安全调度，能够在现货市场中与传统电厂展开竞争。同样，虚拟电厂也可参与辅助服务市场与容量市场，以节约备用容量资源，降低电力系统中的备用成本。

第五，虚拟电厂的管理控制具有智能化特征。基于云计算技术，虚拟电厂中各构成单元通过互联网实现互联，实现了智能化控制管理。制定市场交易组合策略与调度运行计划时，控制管理系统综合考虑了各个分布式能源单元的技术特性、天气预报信息、系统供能和用能历史数据，实现了对系统发、用电功率的预测。

2.2　虚拟电厂与微电网

对于微电网的定义，国内一般认为：微电网是指由分布式发电、储能装置、能量转换装置、相关负荷和监控、保护装置汇集而成的小型发配电系统，是一个能够实现自我控制、保护和管理的自治系统，既可以与外部电网并网运行，也可以孤立运行。微电网技术的提出旨在解决分布式发电并网运行时的主要问题，同时由于它具备一定的能量管理功能，并尽可能维持功率的局部优化与平衡，可有效降低系统运行人员的调度难度[5]。

实际上，虚拟电厂与微电网都是实现分布式能源接入电网的有效形式，且虚拟电厂与微电网都是对分布式能源进行整合，但是两者仍存在较大的区别[6,7]。

第一，两者对分布式能源聚合的有效区域不同。微电网对分布式能源进行聚合时，一般情况下要求分布式能源位于同一区域内，就近进行组合，对地理位置要求较高。但虚拟电厂对分布式能源进行聚合时可划区域开展，不受地理位置的限制。

第二，两者接入配电网的位置不同。由于虚拟电厂是跨区域跨空间对可控资源进行聚合，那么与配电网就可能产生多个公共连接点。而微电网是对同一区域内的分布式能源进行聚合，一般只在某一特定的公共连接点接入配电网侧。由于虚拟电厂与配电网的公共连接点较多，在同样的交互功率情况下，虚拟电厂相比微电网更能够平滑联络负荷曲线的功率波动。

第三，两者与电网的连接方式不同。虚拟电厂不改变所聚合的可控资源的并网形式，更侧重于通过能源互联网技术进行聚合。而微电网在聚合分布式能源时，需要改变电网原有的物理架构，对其进行拓展。

第四，两者的运行方式不同。微电网既可以离网运行，又可以并网运行。而虚拟电厂在通常情况下只在并网模式下运行。

第五，两者侧重的功能不同。微电网侧重分布式能源与负荷就地平衡，突出自治功能。虚拟电厂侧重于实现供应主体利益最大化，具备电力市场经营能力，以一个整体参与电力市场和辅助服务市场。

2.3　虚拟电厂与能效电厂

能效电厂（Energy Efficiency Plant，EEP）最早出现在 20 世纪 70 年代，源自第一次石油危机引发的电力需求侧管理（DSM）。能效电厂的定义为：一定区域内，通过不同类型的节能措施，降低用户在此地区的电力消耗，与建设或扩建发电厂的意义相当，将减少的电能消耗视为能效电厂提供的电能，因此，能效电厂也被称为虚拟电厂。包括高效电动机能效电厂、节能变压器能效电厂、绿色照明能效电厂、变频器能效电厂等，通过高耗能设备实现节约用电目的。能效电厂在欧洲、美国、日本等国家和地区开展得较为成功，政府从运营模式、融资机制、激励机制等方面都出台了支持政策。

从概念外延角度来看，能效电厂也可理解为是虚拟电厂，这本身没有问题。但两者存在不同之处，具体如下：

第一，目标导向不同。能效电厂主要通过采用高效设备、优化用电方式，以达到节约用电的效果，目标相对单纯。虚拟电厂则是多目标导向，降低用能成本、提高利用效率、保证电网安全可靠运行、提高可再生能效消纳比例等均可以单独或组合成为某虚拟电厂的目的，相应地，也可以从资源投入力度、碳排放考核指标、环境污染限值等多角度进行约束。

能效电厂能节省用电，虚拟电厂则不一定。例如，考虑到高峰段实时电价较高，某用户将高耗电工序转移到低谷段，虽然可以取得运营成本的降低，但并不能带来用电量的减少。

第二，参与主体不同。很显然，能效电厂项目侧重于用户负荷。而虚拟电厂的市场主体则包含了分布式发电、储能、可控负荷等多种资源形式。

第三，需求管理的有无。能效电厂侧重于提高电能利用效率，更多是从设备改造入手，负荷管理或需求响应不是其重点。虚拟电厂则相反，基于可调负荷资源的虚拟电厂可视为需求响应。

第四，市场参与度不同。虚拟电厂与电力市场强耦合，可以参与能量、辅助服务等多重市场。可以说，没有机制完备的电力市场及其价格信号，虚拟电厂就无法发挥出应有的价值。但能效电厂和电力现货市场耦合程度相对较弱。在 PJM 中，能效资源可以参与容量市场，参加提前 3 年基本容量拍卖投标，可以获得连续 4 年的容量信用。实施能效项目是减少碳排放的最直接、最有效的技术手段，相比电力市场，能效电厂在碳交易权市场或许更有用武之地。

第五，博弈行为不同。虚拟电厂的博弈包括两部分：一是虚拟电厂运营商参与电力市场，与其他市场主体的博弈行为；二是在虚拟电厂内部，各种可控资源之间存在博弈行为。虚拟电厂的博弈可以看作是两级市场中，各主体之间的博弈。能效电厂的博弈分为三部分，分别是政府与企业、企业与企业、企业与消费者。这里的消费者不是电能的消费者，而是用电企业的产品的消费者。

第六，实施要点不同。能效电厂重在前期投资，需要政府产业政策、政策性市场的支持。虚拟电厂重在后期运营，需要规则完善、品种多样、监管有力的电力市场支持。

参 考 文 献

［1］唐虎，陈爱伦，崔浩，等. 社区型能源互联网下的虚拟电厂参与电力市场策略分析［J］. 南方能源建设，2019（3）：40-47.

［2］陈春武，李娜，钟朋园，等. 虚拟电厂发展的国际经验及启示［J］. 电网技术，2013，37（8）：2258-2263.

［3］刘吉臻，李明扬，房方，等. 虚拟发电厂研究综述［J］. 中国电机工程学报，2014，34（29）：5103-5111.

［4］刘东，樊强，尤宏亮，等. 泛在电力物联网下虚拟电厂的研究现状与展望［J］. 工程科学与技术，2020，52（4）：3-12.

［5］郑漳华，艾芊. 微电网的研究现状及在我国的应用前景［J］. 电网技术，2008（16）：27-31.

［6］方燕琼，艾芊，范松丽. 虚拟电厂研究综述［J］. 供用电，2016，33（4）：8-13.

［7］艾芊. 虚拟电厂：能源互联网的终极组态［M］. 北京：科学出版社，2018.

第 **3** 章

虚拟电厂资源分析

3.1 可调负荷

3.1.1 用户资源潜力影响因素分析

在实际运行层面，各类用户资源能否参与虚拟电厂以及参与度的大小，除了与外部刺激（主要是价格和激励信号）密切相关外，主要由其负荷特性决定。具体来说：

（1）用户资源是否具有"可调节性"

根据用户生产生活条件限制，用电设备可分为可调负荷和不可调负荷。

1）不可调负荷：在电网高峰时段下，用户负荷中心不可以调节的负荷部分，该部分负荷要求的供电可靠性高，一旦改变会对用户生产生活或者电网安全可靠性带来严重影响。

2）可调负荷：电网高峰时段下，用户负荷中心可以调节的负荷部分。从调节负荷的角度，一般认为，可调负荷具备较大的虚拟电厂资源潜力。

（2）可调负荷的"调节能力"

用户可调负荷的调节能力大小与用户终端设备功率、设备使用频次、保留负荷等密切相关；由于用户响应行为具有间歇性特征，因此用户负荷的季节性、周期性、日负荷特性等均影响到需求响应的可调节时段和响应时间。同时，用户负荷与电网高峰负荷的关系，也会影响用户的可调节能力等。具体包括内容如下：

1）使用频次：按照用电设备使用频率，可以分为连续使用、经常使用和偶尔使用三种主要类型。

2）保留负荷：是指用户在不影响基本生产生活，同时用电行为的改变对电网不造成负面影响的情况下，应该保留的最低负荷。

3）可调节时段：可调节时段与用户用电特征相关。根据用户用电是否具有明显的季节性特征，如夏季空调制冷、冬季电采暖等，工作日和非工作日特征，以及早晚高峰等，可区分季、月、日可调节时段。

4）响应时间：是指用户根据价格或激励信号做出改变用电的行为，这种行为的改变一般是临时性的，做出临时性用电行为改变的时点以及持续的时间，可称之为响应时间。

5）峰荷同时率：是指区域电网负荷峰值与用户（用户组）负荷峰值之和的比值。影响峰荷同时率大小的主要因素，包括用户所有用能设备功率、用户负荷发生的时间概率、区域电网负荷特性等。

综合来看，可调负荷资源潜力的大小是"可调节能力"和"价格敏感度"共同作用的结果。由于具有不同"调节能力"的用户对电价变动（或激励措施）会做出不同的反应，因此，各类资源的识别非常重要。为了进行区分，将不同类型的用户资源大致分为四类[1]，见表 3-1。

表 3-1　四象限分析方法区分用户资源

A 类：单个用户潜力比较大，价格敏感度比较高 重点领域：工业中非连续生产行业	B 类：单个用户可调节能力比较小，但价格敏感度比较高 重点领域：城市公共交通
C 类：单个用户可调节能力大，但价格敏感度低 重点领域：工业中连续生产行业	D 类：单个用户可调节能力和价格敏感度低 重点领域：公共建筑和民用建筑

虚拟电厂聚合可调节资源时，重要的是区别并锁定四类资源，特别是 A 类资源，即单个用户可调节能力大、价格敏感度高的资源类型，此类资源具有规模开发的基本条件，且开发难度相对较小，拥有较高的性价比。如果市场发展较为成熟，资源聚合商越来越多地参与虚拟电厂项目并发挥组织中介的作用，B 类资源，即单个用户可调节能力小，但价格敏感度高的资源类型，也将是理想的开发对象。当电力系统出现较为严重的供应缺口时，可以调动 C 类资

源，即单个用户可调节能力大、但价格敏感度低的资源类型，但这意味着更高的经济成本。在紧急状态下，D 类资源即单个用户可调节能力小、价格敏感度低的资源类型也可以参与虚拟电厂，但 D 类用户的参与不仅会有经济成本的付出，也可能伴随着一定的社会成本。

3.1.2　重点领域的资源潜力分析

（1）工业领域

主要用电设备为电锅炉、电窑炉、电传送装置、电机等生产装备，以及电梯、照明、空调等辅助生产设备等。根据用电特性，可分为连续用户和不连续用户。

1）连续生产电力用户，包括化工、水泥、冶金等行业，此类用户用电量大，生产班制连续，主要生产设备长时间投运，对电力稳定、安全供应的要求较高。

2）非连续生产电力用户，包括机械、纺织、食品等行业，此类电力用户生产班制不连续，具有较大的可调节性。

（2）建筑领域

主要用电设备包括空调、照明、电梯、水泵、电采暖等用能设备。根据用户特征又可分为公共建筑、商业建筑和民用建筑类型。

1）公共建筑，包括政府机关、医院、学校等，此类电力用户用电可靠性要求等级较高，用电高峰较为集中，多为白天，机关和学校多为工作日；其中，医院等公共机构对电力的可靠性要求高于机关和学校。

2）商业建筑，包括宾馆、餐饮、娱乐等行业，用户用电量大，用电高峰较为集中，多为晚上，具有较大的节约电力资源潜力。

3）居民建筑，主要以居民用电为主，用户用电量大，增长快，负荷变化大，通常情况会形成一到两个负荷高峰。

（3）交通领域

以电动汽车、港口岸电以及充电设施为代表，用户用电量大，用电高峰较为集中，特别是电动私家车出行多为早晚高峰，其充电时段的选择具有较大的调节潜力。

在重点领域，工业中非连续生产行业，建筑领域的商业建筑，其可调节能力大、价格敏感度高，用户可调资源潜力大。而公共建筑和民用建筑，可调资源开发难度相对较高。工业中连续生产行业，由于其负荷利用率大且供电可靠性要求较高，因此，可调资源潜力相对较小[1]。重点领域负荷特性分析见表 3-2。

表 3-2　重点领域负荷特性分析

领域	可靠性要求	日负荷特性	单个用户可调节能力	价格敏感度
工业				
连续生产	高	连续	高	低
非连续生产	较高	间歇	高	高
建筑				
公共建筑	高	较连续	低	低
商业建筑	不高	间歇	较高	中
居民建筑	高	间歇	低	低
交通				
电动汽车	较高	间歇	低	高
港口岸电	较高	间歇	低	高

从用户参与类型看，工业用户是主力，居民、商业、公共机构用户逐渐受到重视。随着电力市场的发展，售电公司、储能设施等也开始参与需求响应工作。在江苏等需求响应工作开展较早的地区，资源聚合商扮演着重要角色，其起到将分散的可控资源汇集的作用，因而对于规模化开发可调节资源的意义重大。

3.1.3　移峰填谷和填谷潜力分析

前面的可调负荷资源潜力分析更多的是针对直接削减式的需求响应。除了直接削减外，移峰填谷和填谷也是虚拟电厂项目的主要类型。

（1）移峰填谷

在地区电力供应短缺、失去电力平衡时，一般实施削峰和移峰填谷，这也是国内需求响应实施的主要类型。移峰填谷与直接削峰不同的是，它同时起到削峰和填谷的作用，既减少新增装机容量，又充分利用了闲置容量，这对于提高机组效率和稳定系统负荷曲线均有重要意义。移峰填谷的实施一般需要用户采用蓄能技术，比如安装蓄冷空调；或者有其他可替代能源，如在电网高峰时段，以燃气或分布式太阳能等替代电力；再或者响应用户具备调整作业程序或设备使用时间的条件。从理论上讲，工业、建筑和交通等领域均具备一定的转移负荷能力。但是，用户是否愿意参与移峰填谷，则主要取决于其收益能否大于成本。

1) 对于采用蓄能技术的用户来说，取决于用户减少的高峰电费支出是否能够补偿多消耗的低谷电量电费支出，以及蓄能改造成本。

2) 对于采用能源替换技术的用户来说，取决于减少的高峰电费支出能否补偿燃气或其他能源利用的成本。

3) 对于采用作业调整等方式的用户来说，也取决于用户为此付出的物质或时间成本能否得到合理的补偿。

(2) 填谷

填谷指在电网低谷时段增加用户的电力电量需求。它有利于启动系统空闲的发电容量，使得电网负荷趋于稳定，提高了系统运行的经济性，因而对电力公司获益最大。

如果要将填谷与移峰填谷严格加以区别，那么填谷最大的特点是在低谷时段带来"新增的"电力电量消费，而非"转移的"电力电量消费。填谷最常见的方式是以新增的谷段电力替代其他形式的能源。比如电动汽车替代燃油车，在电网低谷时段实施的充电行为；再如以蓄热电锅炉替代燃煤锅炉，在低谷时段进行的蓄热等。当然在实践中，"新增的"和"转移的"电力电量消费有时难以区分，因此，填谷和移峰填谷的差别并不显著。

近年来，中国一直致力于可再生能源发展，解决弃风弃光等问题。由于填谷促进了闲置发电容量的有效利用，因此，对于可再生能源消纳的意义重大。

在实践中，工业、建筑、交通等均能成为填谷实施的重点领域。而用户对填谷是否做出响应，对可再生能源消纳能否起到作用，同样取决于谷段低廉的电费支出（或者经济激励）能否激励用户改变用能行为和习惯。

3.2 电动交通

电动交通以电动汽车、港口岸电以及充电设施为代表，用户用电量大，用电高峰较为集中，特别是电动私家车出行多为早晚高峰，其充电时段的选择具有较大的调节潜力。

以上海电动汽车市场为例，截至 2019 年底，上海新能源汽车累计推广已达 30 万辆，实际保有量 26 万辆左右。当前上海市充电桩数量超过 28 万个，位居全国前列，车桩配比接近 1∶1，其中私人充电桩 19 万个，公共桩和专用桩分别为 5 万个和 4 万个。随着数量规模不断提升，电动汽车充电负荷对电网带来的压力也日益加大，主要包括：

1）电动汽车充电导致负荷增长，特别是大量电动汽车集中在负荷高峰期充电，将加剧电网负荷峰谷差，加重电力系统运行负担。

2）由于电动汽车用户用车行为和充电时空分布的不确定性，电动汽车充电负荷具有较大的随机性，这将加大电网优化控制的难度。

3）电动汽车充电负荷属于非线性负荷，充电设备中的电力电子装置将产生谐波，可能引起电能质量问题。

4）大量电动汽车充电将改变电网，尤其是配电网负荷结构和特性，传统的电网规划方法可能无法适用于电动汽车大规模接入的情况。上海市电动汽车保有量位居全国前列，私家车、公交、公务、环卫和物流等领域电动汽车充电需求各异，交直流及充换电模式种类多样，加之上海市外来电力占比高，本地电网调峰压力大，大量电动汽车充电对上海市电网的影响不容忽视。

为探索车网互动路径，国内虚拟电厂试点正逐步纳入电动汽车资源，并探索其电力系统多重应用价值。

在车网互动的具体应用场景的示范上，国内许多地方进行了积极探索。电力辅助服务市场场景下，电动汽车具有双向调节和响应速度快的优点，可以提供调频和旋转备用服务。目前我国上海、江苏、河南、山东、天津等地已启动了需求响应市场，从各地实践情况看，公共充电站、小区直供充电桩已有参与实例。但是需求响应的补偿资金缺乏可持续机制，且多数城市峰谷电价差较窄，用户侧利用峰谷价差套利空间有限。现阶段我国电力辅助服务市场主要针对火电等大容量可调度的发电侧资源设计，在充放电功率、持续充放时间、充放电量规模等方面准入门槛较高，缺乏对分散型用户侧资源的准入政策且补偿额度低。

相比有序充电，目前市场上配备放电功能的新能源汽车和双向充电桩的数量都有限，因而用户很难参与充放电互动。同时，充放电模式下，用户面临动力电池寿命加速衰减的成本问题。因此，近中期，有序充电的可行性高于充放电，但随着电池成本降低，充放电的优势将逐步显现。

3.3 分布式能源 ◀◀

分布式电源是一种建立在用户端的能源供应方式，可独立运行，也可并网运行，是以资源、环境效益最大化确定方式和容量的系统，将用户多种能源需求，以及资源配置状况进行系统整合优化，采用需求应对式设计和模块化配置的新型能源系统，是相对于集中供能的分散式供能方式。传统的大型中心发电厂一般远离用户，通过高电压、大电网的输变电传输，将电力送到终端用户。而分布式电源是把发电和供能系统建在用户附近，利用天然气等清洁能源及当地的可再生能源等，通过能源梯级利用的方式，满足用户冷、热、电、蒸汽、生活热水等各种负荷的需求。

因此，分布式电源是一种在地域上分散的、建在用户端的、相对独立的能源供求体系，这是定义分布式电源的基本特征[2,3]。

目前分布式电源主要涵盖光伏利用、风能利用、生物质及沼气利用、天然气冷热电三联供等多种形式。分布式能源具有节能、减排、经济、安全、削峰填谷、促进循环经济发展等多种不可替代的优势。

1) 节能。分布式电源的节能不是单纯的设备或工艺的节能，而是整个系统的节能。分布式电源建在用户现场或邻近处，减少了能源长距离输运的损失。以供电为例，大型电厂大都远离用户，通过高压输变电网的远程输电和逐级降压后进入配电网，再分配给低压用户，而远程输变电造成的电量损失约占发电量的 5% ~ 10%。分布式电源没有这种输配电损失。天然气分布式电源还能应用能量梯级利用原理，先发电，再利用余热供热、供冷，体现了能量从高品位到低品位利用的科学用能，使一次能源综合利用效率大幅度提高。数值分析表明，对于一对既定的电、热负荷，如果用户从公用电网买电，用锅炉单独供热，这种电热分供的能源利用效率如在 45% 左右，则采用天然气分布式能源的热电联供方式，其综合能源利用效率可达 80%，提高了近一倍。分布式电源还能利用当地的可再生能源，进一步减少对化石能源的消耗。分布式电源供能系统可以根据用户的负荷需求，量身定制，进行设计、设备选型、系统集成、优化运行，进一步发挥节能潜力。

2）减排。分布式电源的清洁性体现在减排方面。常规燃煤电厂造成大量温室气体（CO_2）和其他污染物（SO_x、NO_x、颗粒物等）的排放，而污染物排放量与燃料消耗成正比。分布式电源采用清洁燃料或可再生能源，一次能源综合利用率的提高和当地的各种可再生能源的利用共同起到减排效果，大量减少温室气体和其他污染物。据测算，在满足同样电热负荷和燃料的条件下，天然气分布式电源热电联供方式与传统热电分供方式比较，总污染量可降低近一半。

3）经济。分布式电源的经济性体现在国家、公用事业、终端用户各方的共赢。以电力与燃气供应为例，其供应总量和季节性峰谷差将带来巨大投资与运营经济性的问题，采用分布式电源是削峰填谷提高系统经济性的有效途径；用户是分布式电源节能减排、降低能源使用费用和提高用能安全性的直接受益者。

4）安全。分布式电源的安全性体现在传统的集中供电依赖于大电网和高电压输变电传输，系统中一处故障可能造成严重影响，引起大面积的停电。分布式电源可以在突发事件时维持继续供电，减缓了地方对大电网系统的过分依赖，还可以根据用户负荷的特殊需求采用调节手段提高供电质量。

5）削峰填谷。分布式燃机对电力与燃气供应的削峰填谷是其重要的功能。北京等大城市夏季多采用电制冷，冬季则采用燃气锅炉供热，电力及燃气供应存在很大的季节性峰谷差，反映了用能结构的不合理。以北京为例，自 2007 年以来采暖季天然气耗量可占全年用气量的 80%，冬夏燃气供应量峰谷差达 8∶1 以上；而制冷季空调耗电占总电负荷的 40%，电力峰谷差接近 2∶1。随着需求的增长和峰谷差的继续拉大将严重影响电力与燃气的安全供应，增大配送成本，降低电网和燃气管网的运行经济性。采用分布式电源既能减小空调造成的供电高峰，又填补了燃气供应在夏季的低谷，缓解了各自的峰谷差，有利于能源供应的可持续发展。

6）促进循环经济发展。分布式电源具有促进循环经济发展的巨大潜力，城市垃圾及污水处理产生的沼气既是温室气体排放的重要污染源，又是含高热值的珍贵的可燃气，世界各国沼气发电已成为普遍应用的成熟技术，城乡各种有机废弃物和生物质能的利用是当今分布式电源的重要发展方向。分布式电源对实现废弃物的减量化、无害化、资源化，对促进城乡循环经济的发展发挥着不可替代的作用。

3.3.1　分布式燃机

分布式燃机是分布式能源的典型形式，即利用天然气为燃料，通过冷热电三联供等方式实现能源的梯级利用，综合能源利用效率在 70% 以上，并在负荷中心就近实现能源供应的现代能源供应方式，是天然气高效利用的重要方式。与传统集中式供能方式相比，天然气分布式能源具有能效高、清洁环保、安全性高、经济效益好等优点。

分布式燃机的应用非常广泛，原则上可应用于任何有稳定电、热（冷）负荷和天然气气源供应的地方，无论负荷规模的大小和当地有无公用电网。不同类型用户的天然气分布式能源在系统规模上有较大差异。根据系统的规模可大致分为楼宇型、区域型和产业型三种类型，其中，产业型也认为是规模较大的区域型。

楼宇型系统主要针对楼宇单一类型的用户，建筑规模相对较小，系统比较简单，用户的用能特点和规律差异不大。由于用户的负荷随季节和工作生活规律而变化，这类联供系统的运行应实时跟踪负荷的变化，对系统全工况性能要求较高。这类联供系统目前应用数量最多，建筑面积一般在几十万平方米以内，用户类型包括办公楼、商场、酒店、医院、学校、居民楼等。在楼宇型系统中，微型燃机和燃气内燃机发电机组得到广泛的应用。

区域型指在一定区域内多种功能建筑构成的建筑群，建筑群各组成部分的能量需求有显著差异，不同功能建筑的负荷种类、用能规律、负荷曲线都有所不同。负荷分析时需要以"同时使用系数"考虑不同功能建筑负荷变化的不同。该类型联供系统规模较大，总建筑面积可达几十万到一二百万平方米，广泛应用较大功率的燃气内燃机和各种型号的燃气轮机发电机组，可采用多台机组并联或若干能源站组成的微电网的方式。区域型用户包括商务区（含商场、酒店、办公等）、金融区（金融中心、办公等）、机场、火车站、大学、新城（含部分住宅）、综合社区等。

产业型指产业相对集中的工业园区、高新技术区、经济开发区等。在区域中集中较多的工业企业，不同工业企业的用能特点有所不同，如钢铁、化工、冶金、建材等企业的工艺流程较复杂，其特点是有大量能流与物流的转换过程、耗能大、热负荷比例高、需要大量蒸汽供应、24 小时连续用能；另一些企业，如家电、通信、服装、玩具制造等企业大部分负荷是动力用电，电负荷大、电热比高。产业型用户的建筑面积可从几百万平方米到数千万平方米，更多采用大容量燃气轮机热电联产机组，包括燃气-蒸汽联合循环热电联产装置。

国内外分布式燃机的潜在市场十分广阔，包括居民建筑和公用建筑节能、老电厂与供热厂的设备更新和扩容改造、具有高负荷密度的数据中心、区域供热供冷、工业园与经济开发区的能源中心等，应用范围向小型化和规模化的两级扩展，以发挥更大的全社会的效益。我国正处在工业化和城镇化的发展进程中，有利于同步进行区域总体规划和分布式能源规划，建设更多的区域型或产业型的中、大规模的分布式能源系统，发挥规模效益，为实现节能减排目标提供更有利条件。

3.3.2　分布式光伏

目前应用最为广泛的分布式光伏发电系统，是建在城市建筑物屋顶的光伏发电项目。基本工作原理如图 3-1 所示。

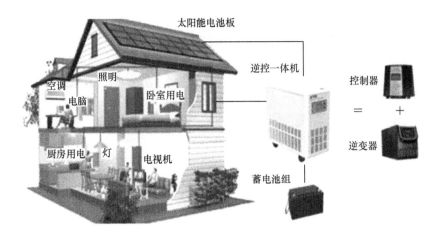

图 3-1　屋顶光伏发电系统

　　分布式光伏发电系统的基本设备包括光伏电池组件、光伏阵列支架、直流汇流箱、直流配电柜、并网逆变器、交流配电柜等设备，另外还有供电系统监控装置和环境监测装置。其运行模式是在有太阳辐射的条件下，光伏发电系统的太阳能电池组件阵列将太阳能转换输出的电能，经过直流汇流箱集中送入直流配电柜，由并网逆变器逆变成交流电供给建筑自身负载，多余或不足的电力通过连接电网来调节。

　　光伏屋顶系统分为两个大类：并网光伏屋顶系统与离网光伏屋顶系统。

　　并网光伏屋顶系统：如图 3-2 所示，由光伏组件、并网逆变器、控制装置组成。光伏组件将太阳能转化为直流电能，通过并网逆变电源将直流电能转化为与电网同频同相的交流电能供给负载使用并馈入电网。并网发电正是国家目前大力扶持的，自发自用，多余的电可以卖给国家。离网并不享受这些优惠。

　　离网光伏屋顶系统：由光伏组件、逆变器、控制装置、蓄电池组成。以光伏电池板为发电部件，控制器对所发的电能进行调节和控制，一方面把调整后的能量送往直流负载或交流负载，另一方面把多余的能量送往蓄电池组存储，当所发的电不能满足负载需要时，控制器又把蓄电池的电能送往负载。蓄电池充满电后，控制器要控制蓄电池不被过充。当蓄电池所存储的电能放完时，控制器要控制蓄电池不被过放电，保护蓄电池。蓄电池可以储能，以便在夜间或阴雨天保证负载用电。离网系统是独立的供电系统，其特点是必须使用蓄电池储能，在电能不足时通过电路切换，将负载切换由市电供电。

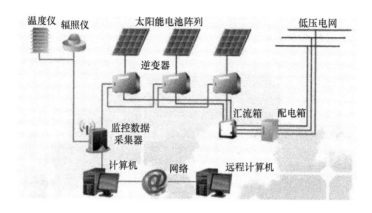

图 3-2 并网光伏屋顶系统

从建筑、技术和经济角度来看，太阳能光伏建筑有诸多优点：可以有效地利用建筑物屋顶和幕墙，无需占用土地资源，这对于土地昂贵的城市建筑尤其重要；可原地发电、原地用电，由于是直供电，屋顶分布式电站未来会成为售电公司的首选，在一定距离范围内可以节省电站送电网的投资；光伏发电系统在白天阳光照射时发电，该时段也是电网用电高峰期，从而舒缓高峰电力需求；光伏组件一般安装在建筑的屋顶及墙的南立面上直接吸收太阳能，可降低墙面及屋顶的温升；并网光伏发电系统没有噪声、没有污染物排放、不消耗任何燃料，绿色环保。

发展障碍：屋顶分布式电站往往会因产权不够清晰，而不容易获得金融支持；屋顶分布式电站的安装、接入方式相对复杂；在结算关系上，存在屋顶业主、投资方和电网三方关系，业主有违约风险等。

3.3.3 分布式小水电

目前分布式小水电还没有一个明确概念，依据《分布式发电管理办法》（征求意见稿）暂定义总装机容量 5 万 kW 及以下的小水电站，接入电网电压一般在 35kW 及以下为分布式小水电。

根据《全国农村水能资源调查评价报告（2008 年)》，我国大陆地区单站装机容量5万kW及以下的小水电资源技术可开发量1.28亿kW，年发电量5350亿kWh，居世界第一位，广泛分布在全国30个省（区、市）的1715个区县。东部地区技术可开发量2284万kW，占全国的18%；中部地区2567万kW，占全国的20%；西部地区最丰富，达7953万kW，占全国的62%。其中，西南部的四川、贵州、云南、西藏、广西、重庆等6省（区、市）是我国小水电资源最丰富的地区，拥有6193万kW，占全国的48.4%；西北部的内蒙古、陕西、甘肃、宁夏、青海、新疆等6省（区）小水电资源相对集中，拥有1760万kW，占全国的13.7%；东北地区小水电资源主要集中在吉林、黑龙江两省山区，拥有550万kW，占全国的4.3%；中部地区小水电资源主要集中在湖南、湖北、江西等省，拥有2078万kW，占全国的16.3%；东部地区小水电资源主要集中在浙江、福建、广东等省，拥有2217万kW，占全国的17.3%。

3.3.4 生物质发电

1. 生物质能的来源

生物质能的原始能量来源于太阳，所以从广义上讲，生物质能是太阳能的一种表现形式，主要来源有以下几种：

（1）农业生物质能资源

农业生物质能资源是指农业作物（包括能源作物），包括草本能源作物、油料作物、制取碳氢化合物植物和水生植物等。根据生产过程，可以将农业生物质能资源分为

1）农业生产过程中的废弃物，如农作物收获时残留在农田内的农作物秸秆（玉米秸、高粱秸、麦秸、稻草、豆秸和棉秆等）。

2）农业加工业的废弃物，如农业生产过程中剩余的稻壳等。

（2）林业生物质能资源

林业生物质能资源是指森林生长和林业生产过程提供的生物质能源，包括：

1）薪炭林、在森林抚育和间伐作业中的生物质能零散木材、残留的树枝、树叶和木屑等。

2）木材采运和加工过程中的枝丫、锯末、木屑、梢头、板皮和截头等。

3）林业副产品的废弃物，如果壳和果核等。

林业生物质能不仅是广大农村的主要能源，而且是现代无污染清洁能源的载体，发展林业生物质能不仅能减缓农村能源短缺问题，增加经济收入，提高生活水平，还能保护森林资源，改善生态状况。

（3）畜禽粪便

畜禽粪便是畜禽排泄物的总称，它是其他形态生物质（主要是粮食、农作物秸秆和牧草等）的转化形式，包括畜禽排出的粪便、尿液及其与垫草的混合物。畜禽粪便也是一种重要的生物质能资源。畜禽粪便经干燥可直接燃烧供应热能，若经厌氧处理还可产生甲烷和肥料。我国的主要畜禽包括猪、牛、鸡等，其资源量与畜牧业生产有关。根据这些畜禽的品种、体重、饲养周期、粪便排泄量等因素，可以估算出畜禽粪便资源的实物量，畜禽粪便通常用于发酵制取沼气。

（4）城市固体废弃物

城市固体废弃物主要是由城镇居民生活垃圾，商业、服务业垃圾和少量建筑业垃圾等固体废弃物构成。其组成成分比较复杂，受当地居民的平均生活水平、能源消费结构、城镇建设、自然条件、传统习惯以及季节变化等因素影响。许多城市固体废弃物经过处理具有较高的利用价值。一些固体废弃物可以作为二次资源加以利用，这种二次资源与自然资源相比具有生产效率高、能耗低、环境废弃物少等优点；还有一些固体废弃物是农业生产必不可少的优质有机肥源。

（5）生活污水、工业有机废水和农产品加工业有机废水

1）生活污水。生活污水主要由城镇居民生活、商业和服务业的各种排水组成，如冷却水、洗浴排水、盥洗排水、洗衣排水、厨房排水、粪便污水等。

2）工业有机废水。工业有机废水是指工业生产过程中产生的废水、污水和废液，其中含有随水流失的工业生产用料、中间产物和产品以及生产过程中产生的污染物，它们以有机污染物为主。

3）农产品加工业有机废水。农产品加工业在生产过程中会产生废水、废

渣、废气，以及大量的固体废弃物。在过去，这些废弃物大多数被直接丢弃，既造成了环境污染，又使得许多可利用物质被遗弃。随着科技的发展，生物质技术的应用，这些废弃物可被再次加工循环利用。

2. 生物质发电的多种形式

生物质发电，主要技术为直接燃烧发电或气化发电，是指利用生物质所具有的生物质能进行发电，是可再生能源发电的一种，包括生物质直接燃烧发电、混合燃烧发电、沼气发电和生物质气化发电。

（1）生物质直接燃烧发电

生物质直接燃烧发电，就是将生物质直接作为燃料进行燃烧，用于发电或者热电联产。生物质直接燃烧发电技术又分为农林生物质直接燃烧发电和垃圾焚烧发电两种形式。

农林生物质直接燃烧发电技术，是指先将秸秆等生物质原料经过破碎、分选等预处理后放到原料仓，然后经原料输送装置送到给料机，送进炉膛，在炉膛内开始燃烧，燃料的化学能转变成烟气的热能。烟气经炉膛进入水平烟道和尾部烟道，在流动中完成换热过程，换热完成产出的高压过热蒸汽通过汽轮机的涡轮膨胀做功，驱动发电机发电。

垃圾焚烧发电技术，是指对燃烧值较高的垃圾进行高温焚烧（也彻底消灭了病源性生物和腐蚀性有机物），在高温焚烧（产生的烟雾经过处理）中产生的热能转化为高温蒸气，推动涡轮机转动，使发电机产生电能。

（2）混合燃烧发电

生物质混合燃烧发电是指将生物质原料用于燃煤电厂中，使用生物质和煤两种原料进行发电。混合燃烧主要有两种方式：一种是将生物质原料直接送入燃煤锅炉，与煤共同燃烧，产生蒸汽，带动蒸汽轮机发电；另一种是先将生物质原料在气化炉中生成可燃气体，再送入燃煤锅炉，可燃气体与煤共同燃烧产生蒸汽，带动蒸汽轮机发电。

（3）沼气发电

沼气发电是利用工业、农业或城镇生活中的大量有机废弃物（如酒糟液、禽畜粪、城市垃圾和污水等），经厌氧发酵处理产生的沼气，驱动沼气发电机组发电，并可充分将发电机组的余热用于沼气生产，使综合热效率达 80% 左右，大大高于一般 30% ~ 40% 的发电效率，经济效益显著。这种发电形式具有创效、节能、安全和环保等特点，是一种分布广泛且价廉的分布式能源。

（4）生物质气化发电

生物质气化发电技术，简单地说，就是将各种低热值固体生物质能源资源（如农林业废弃物、生活有机垃圾等）通过气化转换为燃气，再提供发电机组发电的技术。寻求利用生物质气化发电的方法，既可以解决可再生能源的有效利用，又可以解决各种有机废弃物的环境污染。正是基于以上原因，生物质气化发电技术得到了越来越多的研究和应用，并日趋完善。

3.3.5　小型风电

小型风电系统一般是指单机容量小于 100kW 的风电系统，一般应用于离网型风电、分布式发电、风光互补发电系统。

小型风电主要用户分布在无电区、海岛、渔船和移动通信等地区。这些地区有着各自的特殊要求，不能用一种小型发电机去适应所有的特殊环境。而且，小型风力发电机的技术难度比大型风力发电机大，它需要适应不同的、复杂的环境，如低温、台风、盐雾等。但即使设计出一台能够适应各种特殊环境的小型风力发电机，受成本影响它也不会有大发展的可能，所以未来小型风电必须走专用性路线。

3.4　储能

3.4.1　储能的类型及作用

1. 储能的类型

储能技术按照其能量转换机制主要分为三类：物理储能、电化学储能、电磁储能，见表3-3。

表3-3　储能技术类型比较

储能类型	技术名称	应用范围	响应时间	效率
物理	抽水蓄能	广泛应用于调峰、调频和备用电源场景	分钟级	70%~75%
	压缩空气		分钟级	50%~70%
电化学	锂离子电池	辅助可再生能源备用、调峰、调频、容量备用	百毫秒级	85%~98%
	铅炭电池	削峰填谷、容量备用	百毫秒级	70%~90%
电磁	超级电容	电能质量调节、USP、削峰等	毫秒级	70%~90%

抽水蓄能是在电力负荷低谷期将水从下池水库抽到上池水库，将电能转化成重力势能存储起来，在电网负荷高峰期释放上池水库中的水发电。抽水蓄能的释放时间可以从几个小时到几天，综合效率为70%~75%，主要用于电力系统的调峰填谷、调频、调相、紧急事故备用等。抽水蓄能电站的建设受地形制约，当电站距离用电区域较远时输电损耗较大。

压缩空气技术在电网负荷低谷期将电能用于压缩空气，将空气高压密封在报废矿井、沉降的海底储气罐、山洞、过期油气井或新建储气井中，在电网负荷高峰期释放压缩的空气推动汽轮机发电。压缩空气主要用于电力调峰和系统备用，压缩空气储能电站的建设受地形制约，对地质结构有特殊要求。

电化学储能包括锂离子电池、液流电池、铅炭电池等。锂离子电池被认为是当下综合性能最好的电池体系，已在储能电站中得到广泛使用，并迅速发展成为新一代电源，用于信息通信、电动汽车和混合动力电动汽车及航空航天等领域。

超级电容根据电化学双电层理论研制而成，可提供强大的脉冲功率，充电时处于理想极化状态的电极表面，电荷将吸引周围电解质溶液中的异性离子，使其附于电极表面，形成双电荷层，构成双电层电容。电力系统中多用于短时间、大功率的负载平滑和电能质量峰值功率场合，如大功率直流电机的起动支撑、动态电压恢复器等，在电压跌落和瞬态干扰期间提高供电水平。

2. 储能的作用

储能在智能电网中的应用，能够提高电网运行控制的灵活性和可靠性，有利于系统的安全稳定运行，主要体现在以下四个方面[4]：

一是调峰方面。分布式发电的发展增大了电网的调峰难度，这些电源主要分布在重负荷区，对缺少足够调峰电源的电网提出了更大挑战。而规模化可再生能源渗透率的提高，对电网的调峰带来了更大的压力。因此，利用储能进行调峰，配电容量会大幅度减小，大大节省电力装备的建设投资，并减少增容费用。再者，根据峰谷平的电价差，在电网谷值电价较低时，利用储能向电网购电，待峰值电价较高时，再向电网卖电，可以减少工商业和家庭等的用电费用，也能缓解电网峰谷时的电量供需紧张问题，且能够实现一定程度的收益。

二是调频方面。由于可再生能源出力的随机性和波动性，其出力无法与负荷特性相契合，有时甚至相背离，使得储能的快速响应性能天然具备调频能力，而其充放电特点使储能既可以是电源，也可以是负荷，因此相当于具有两倍于自身容量的调节能力，非常适合系统调频领域的应用。再者，相对于燃煤机组，储能作为一种更为快速、更为准确的调频资源，已经在一些发达国家获得应用，这样可以大大改善电网吸纳可再生能源的能力，提高传统发电机组的运行效率，而且正在通过合理的投资回报机制实现商业化。

三是改善电能质量方面。大量分布式电源的并网，对电网的电能质量有很大影响。而配电网自身的非线性特性使该问题越来越严重。利用储能对电网中的有功和无功功率进行补偿，可以有效改善分布式电源并网和电网自身的电能质量。

四是提高系统稳定性与可靠性方面。通过合理地配置和控制储能，可以提高系统在扰动作用下的动态性能以及应对动态冲击的能力，以实现瞬时能量平衡，进而提高可再生能源发电可靠性及其在电网中的容量可信度。对于不可预期的大扰动，储能的快速响应性能可以使系统能够快速从紧急状态恢复到正常运行状态，尽可能地减少扰动对系统可靠性的影响，并能为电网提供紧急功率支持。当配电网故障时，储能可以作为负荷的应急电源，保证负荷的持续可靠供电，并可以支持电网黑启动。

近年来，由于电化学储能具有使用灵活、响应速度快等优势，其市场占有额越来越高。截至 2019 年底，我国电化学储能累计装机规模为 1592.7MW，占全国储能规模总额的 4.9%。从地域分布来看，主要集中于新能源富集地区和负荷中心地区。从应用分布来看，主要分为三类：发电侧储能、电网侧储能、用户侧储能，其中，用户侧占 51%，装机占比最大；发电侧占 24%；电网侧占 22%。在发电侧、电网侧、用户侧，储能发挥的功能及其对电力系统的作用各不相同。

（1）发电侧

在发电侧领域，储能主要用来跟踪计划出力，辅助电网故障恢复及黑启动，使电源发电具有可控性和友好性。在火电机组装机较多、水电较少的地区，电源系统灵活性不足。这时，配置响应速度快的功率型储能电池，实现与火电机组一体化调度，提升机组整体响应性能，增加机组设备的利用率。在新能源领域，储能主要是平滑出力波动、跟踪调度计划指令、提升新能源消纳水平。目前我国新能源装机占比已超过 20%，在电力系统中的地位悄然变化，正在向电能增量主力供应商转变。光伏、风电出力具有很大的随机性、波动性和间歇性，加装储能系统可以跟踪新能源发电计划出力，在出力较低时储能系统输出功率，保证负荷用电安全；在出力曲线尖峰时储能系统吸收功率，从而保证所输出的电能不被浪费。

发电侧储能纳入发电厂管理的路径正逐步铺开。国家能源局华中监管局印发的《华中区域并网发电厂辅助服务管理实施细则》和《华中区域发电厂并网运行管理实施细则》明确其中所定义的发电厂包括电化学储能电站。其中，《华中区域发电厂并网运行管理实施细则》还指出，电力调度机构对并网发电厂非计划停运情况进行统计和考核。配有已投运的规模化储能装置（兆瓦级及以上）的风电场、光伏电站，以风电场、光伏电站上网出口为脱网容量的考核点。文件要求 30MW 及以上的风电场、30MW 及以上集中式光伏电站等并网发电机组必须具备一次调频功能。

（2）电网侧

应用于电网侧的储能项目，主要安装在变电站及其附近，提供缓解电网阻塞、延缓输配电升级、提高输配电网供电安全性、弹性、灵活性、稳定性与可靠性等服务。在特高压电网中，储能是提供系统备用和应急保障，确保电网安全运行的重要手段，且可同时发挥多项作用。意大利 Terna 公司电网侧储能项目，通过对不同运行控制模式的切换，可同时承担一、二次调频，系统备用，减少电网阻塞，优化潮流分布等多重任务，最终发挥出提升电网运行稳定性的作用。

在配电网中，储能可有效补充电力供应不足，治理配电网薄弱地区的"低电压"或分布式电源接入后引起的"高、低电压"问题，可同时解决季节性负荷、临时性用电、不具备条件增容扩建等配电网供电问题，有效延缓配电网新增投资压力。美国芝加哥电力公司利用可回收储能设备延缓变压器升级投资，属电网侧延缓输变电设施建设的典型应用。中国电网侧已投运电化学储能电站装机规模超过 150MW，其中镇江 101MW/202MWh 的储能电站，是我国电网侧储能中的代表项目。

（3）用户侧

对于用户侧领域，储能可以应用于削峰填谷并获取收益，减少容量电费；保证供电安全、稳定，减少电压波动对电能质量的影响；提高可靠性供电等。用户侧储能可针对传统负荷实施削峰填谷、需求响应。削峰填谷适用于高峰时段用电量大的用户，是目前最为普遍的商业化应用，通过"谷充峰放"降低用电成本；需求响应通过响应电网调度、助力推移用电负荷获取收益。江苏无锡星洲工业园储能系统项目（20MW/160MWh）是全国最大容量商业运行用户侧储能，也是首个依照国网江苏省电力公司《客户侧储能系统并网管理规定》并网验收的项目。

用户侧储能还可与分布式可再生能源结合开展光储一体、充储一体应用。上海嘉定安亭充换储一体化电站项目，将电动汽车充电站、换电站、储能站和电池梯次利用等多功能进行融合。江苏车牛山岛能源综合利用微电网项目由储能设备及风、光、柴油机组成，是国内首个交直流混合智能型微电网。东莞易事特工业园区内的智能充电站在配置了光伏电站的同时，增加了 500kW/500kWh 储能系统，组成了一整套光储充一体化系统解决方案，这是东莞市首座光储充一体化的智能充电站。北京市海淀区北部新区翠湖片区建立光储微电网与大电网并网运行，其中 50MW 屋顶光伏，5MW×2 电池储能，为周围地区供电。上海电力大学临港新校区新能源分布式发电系统包含分布于 23 个建筑屋面的 2MW 光伏发电和一台 300kW 风力发电，并配置了容量为 100kW×2h 的磷酸铁锂电池、150kW×2h 的铅炭电池和 100kW×10s 的超级电容储能设备，该系统能够在外部供电系统失电的情况下，继续保证信息中心机房重要负荷和 2 栋建筑部分普通负荷供电的需求。浙江瑞安市北龙岛离网型光储微电网，包括光伏装机容量 1.35MW、能量型储能容量 3MWh、功率型储能容量 1MWh、柴油发电机 600kW 装机容量，能够为岛内居民及公共设施供电。

大规模的户用或工商业光储形成的分布式用户侧储能系统可被当作虚拟电厂建设的基本元素。根据日本经济产业省相关数据，其国内可供虚拟电厂集合的太阳能电力规模预计将在 30 年内增加到 37.7GW，相当于 37 个大型火力发电站的发电量。2019 年 10 月，南澳大利亚州数百户家庭光储系统形成的虚拟电厂项目，通过向澳大利亚全国电力市场供能，成功地应对了昆士兰州发生的一次大规模断电事故。目前，该虚拟电厂已安装了 900 多个系统，由 Tesla 公司牵头，得到了南澳大利亚州政府和能源零售商 Energy Locals 的支持。

从虚拟电厂角度来理解储能技术，主要将其分为三类：发电侧储能、电网侧储能、用户侧储能。

对发电侧来说，电力储能能够平滑功率输出，跟踪计划出力，实现电力的"削峰填谷"；对输电侧来说，电力储能能够延缓输电设备投资，改善电能质量，提高系统可靠性，维护输电网电压稳定性；对配电侧来说，电力储能可以延缓高峰负荷需求，延缓网络升级扩容，应对故障情况，保证供电稳定；对用能侧来说，可以使辅助式分布电源接入，应对峰值负荷需求，缩小峰谷差，促进电能质量调节与改善，充当不间断电源或应急电源。

大规模储能的意义和作用在于储能系统可用于平抑风电功率波动，跟踪计划出力曲线，提高电网安全可靠性和电能质量（提供应急电源，减少因各种暂态电能质量问题造成的损失），减小峰谷差（电网企业在调峰和缓解供电压力的同时，可获取更多的高峰负荷收益）[5-11]。

3.4.2　储能的发展潜力

随着可再生能源装机规模迅猛增长，弃水、弃风、弃光等问题日益突出，而储能是解决这些问题最具有前景的技术。在以清洁化、低碳化为总体目标的能源转型发展之路上，我国需要发展风电、光伏发电等新能源。储能在提升电网灵活性、安全性、稳定性，提高可再生能源消纳水平方面具有独特优势，新能源发电市场的快速发展为储能带来了巨大的发展机遇。储能作为智能电网、可再生能源高占比能源系统，以及"互联网＋"智慧能源的重要组成部分和关键支撑技术，其价值日益凸显。当前在全球倡导大力发展清洁能源的时代背景下，开发能量密度更高、循环寿命更长、系统成本更低、安全性能更好的储能技术已经成为各国研究支持计划的一个重要方向。

储能是有效调节可再生能源发电引起的电网电压、频率及相位变化，推进可再生能源大规模发电、并入常规电网的必要条件。可再生能源发展水平，也决定了能源互联网建设的成败。随着各国对储能技术研发和应用重视程度逐渐提高，相关核心配套技术取得长足进展。压缩空气储能技术、液流电池、锂硫电池等技术已经走向产业化或接近产业化；氢燃料电池作为燃料电池主流方向，应用规模逐渐扩大；储热技术发展迅速，市场重视程度有待提高。在可再生能源产业、电动汽车产业和能源互联网产业快速发展的推动下，储能产业有望呈爆发性增长态势；随着可再生能源电力存储成本持续降低，储能系统应用规模和技术成本会进入一个良性循环发展新阶段；电动汽车电池技术有望迎来重大突破，市场前景广阔。

3.4.3　几个典型市场的储能应用

1. 美国 PJM 电力市场

PJM 是美国储能功率装机规模最大的地区，占到美国已投运项目近 40% 的功率规模和 31% 的能量规模，平均功率规模为 12MW，平均储能充放电时长为 45min。PJM 区域电力市场的储能项目以功率型应用为主，储能电站之所以在 PJM 调频市场中得到较好的商业化运营，得益于公平的市场环境和按效果付费的价格机制。

2011 年，FERC 755 号法令要求电网运营商按调频性能进行补偿。2012 年 11 月，PJM 为了引入准确但电量有限的储能资源，将调频信号分为两种信号：慢响应调节信号 A（RegA）和快速响应调节信号 D（RegD）。储能凭借快速的响应特性，在各类调频资源中表现优异，取代燃气机组成为 PJM 最大调频来源。储能资源为了实现能量中性有时执行与电网调频需求相反的操作。为此，PJM 于 2017 年初修订市场规则，维持调频服务的能量中性，要求 RegD 资源将不再只提供短周期调频服务，储能系统也将被要求延长电网充放电时间。市场规则的修改意味着储能系统需要配置更大的容量和充放电周期，也大幅降低了储能的安装增速[12]。

2. 美国加利福尼亚州电力市场

美国 CAISO（California Independent System Operator，Inc）是加利福尼亚州电力市场的运营主体和加利福尼亚州电网的调度中心，服务于加利福尼亚州 3000 万人口，控制超过 2.5 万英里的输电线路，发电总装机容量超过 5 亿 kW。CAISO 是美国储能能量规模最大的地区，占到美国已投运项目 44% 的能量规模和 18% 的功率规模。加利福尼亚州储能以提供能量服务为主，应用领域比 PJM 更为多样。CAISO 储能项目的平均功率规模为 5MW，平均储能充放电时长为 4h。

太平洋燃气电力公司（PG&E）、圣地亚哥燃气电力公司（SDG&E）、南加利福尼亚州爱迪生公司（SCE）等投资者所有的公用事业（IOU）是加利福尼亚州储能项目的主要投资开发主体。IOU 一方面积极推动电网级储能电站和工商业用户侧储能电站的建设，另一方面积极通过与用户共享资产的模式，集成用户侧分布式储能资源提供电力服务。目前加利福尼亚州 62% 的储能装机规模由 SCE 和 SDG&E 采购和应用，主要解决储气库泄漏带来的供电稳定性问题，满足该州发电资源至少 4h 备用容量的要求。因此，加利福尼亚州储能呈现出更大储能能量的发展趋势。此外，加利福尼亚州还是小型储能系统（小于 1MW）的主要应用地区。美国 90% 的储能系统应用于加利福尼亚州，其中商业领域应用主要分布于 SCE 和 SDG&E 地区，工业领域应用主要分布于 PG&E 地区。

3. 德国

据统计，截至 2019 年底，欧洲电池储能市场的装机规模达到 3.5GW 左右，德国占比达到 31.4%，德国的电池储能容量达到 1.1GW，同比上升 41%，预计 2020 年底将达到 1.4GW。其中，公用事业级储能项目 2019 年新增 89MW，累计规模达 453MW，2020 年累计规模将会增加至 517MW。另一方面，2019 年德国家用电池储能市场继续发展，已投运家用储能容量达 680MW，新增 240MW，共有 18.2 万套系统，主要用于与屋顶光伏系统或者与电动汽车搭配。根据德国贸易促进署的数据，德国用户侧储能系统将以年度超过 5 万套的速度持续安装，并在 2020 年突破 20 万套储能系统的安装量。

德国是支持储能系统发展的主要国家之一，主要通过赠款或者补贴融资来提供资金支持。德国储能发展的主要应用领域为屋顶光伏 + 电池储能、社区储能模式、集中式参与调频市场和大型储能系统参与调频。其中，德国家庭储能市场的爆发和德国政府推出的太阳能储能补贴政策关系甚密。2013 年 5 月，德国政府通过政策性银行——德国复兴信贷银行（KfW）对家用太阳能电池储能系统进行补贴。补贴的对象是新建的太阳能电站加上储能设备，或者在现有的太阳能电站上安装储能设备进行升级。从政策执行效果来看，分布式光储补贴已经推动德国成为全球主要户用储能市场之一。2013 年，德国户用和商用储能系统还不足 1 万套，到 2018 年底，这一数字已经增长至 12 万套，其中绝大部分是户用储能系统。

近年来，德国也开始通过调整市场规则为分布式储能参与电力市场提供便利，其中影响较大的是德国联邦电网管理局对二次调频和三次调频的竞价时间和最低投标规模进行的调整。针对竞价时间，自 2018 年 7 月起，二次调频和三次调频的竞价时间由每周改为每日进行。同时，其供应时间段也由原来的每天 2 段、每段 12h 改为每天 6 段、每段 4h。竞价在交付日的前一周上午十点开始，在交付日前一日的上午八点结束。针对最低投标规模，自 2018 年 7 月起，经德国联邦电网管理局许可的小型供应商有机会提供低于 5MW（原先要求的最小规模）的二次调频和分钟调频服务，如 1MW、2MW、3MW 等，前提是该供应商在每个调频区域、每个供应时间段，针对每个调频产品，只能以单一竞价单元参与报价，以防止大储能电站拆分成小单元参与竞价。这些规则修改能够让可再生能源设备、需求侧管理系统、电池储能设备等装机功率较小的运营商有机会进入辅助服务市场，每天的竞价和更短的服务供应窗口允许可用的储能容量参与更多目标市场，能够更有效地激发聚合的储能容量获得叠加收益。

4. 澳大利亚

2019 年澳大利亚全年新增储能容量 376MWh，其中，户用侧容量有所下降，为 233MWh，共安装了 22661 套户用储能系统；电网侧和商用侧的总安装量超过 143MWh，远高于 2018 年的 69MWh。

澳大利亚多地政府制定了储能安装激励计划，通过补贴重点支持用户侧储能系统。北领地政府和西澳大利亚州于 2020 年推出太阳能＋储能项目激励计划，主要为电网侧、住宅以及社区级太阳能＋储能项目提供资助。由于澳大利亚的储能市场以户用与商用储能为主，工业大规模储能发展相对落后，因此政府目前的政策制定工作重点在于规范户用与商用储能市场发展。

2016 年 11 月，澳大利亚能源市场委员会（AEMC）发布《国家电力修改规则 2016》，提出将辅助服务市场开放给新的市场参与者，即大型发电企业以外的、市场化的辅助服务提供商。澳大利亚调频辅助服务规则修订后，市场参与者既可以在一个地点提供辅助服务，也可以将多个地点的负荷或机组集合起来提供服务。该规则于 2017 年 7 月开始实行，大大增加了储能参与澳大利亚电力辅助服务市场的机会，不仅有助于增加澳大利亚调频服务资源的供应，还能够降低调频服务市场价格。在创建公平合理的市场竞争环境方面，2017 年 8 月，AEMC 发布《国家电力修改规则 2017》，旨在通过界定用户侧资源的所有权和使用权，明确用户侧资源可以提供的服务，来避免用户侧资源在参与电力市场过程中遭遇不公平竞争。2017 年 11 月，AEMC 将国家电力市场交易结算周期从现行的 30min 改为 5min。这一机制不仅能够促进储能在澳大利亚电力市场中实现更有效的应用并获得合理补偿，还将推动基于快速响应技术的更多市场主体以及合同形式的出现，对储能在电力市场中的多元化应用产生重要影响。

参 考 文 献

[1] 国家发改委能源研究所, 国网湖州供电公司, 国瑞沃德（北京）低碳经济技术中心. 需求侧资源潜力挖掘方法与实践: 以长三角中心城市湖州为例 [R]. 2020.

[2] 郭井宽, 孙华. 分布式能源系统的发展动态 [J]. 装备机械, 2016, 155 (1): 70-74.

[3] 张楚昂. 计及需求响应策略的分布式能源运行方法研究 [D]. 成都: 电子科技大学, 2020.

[4] 周喜超. 电力储能技术发展现状及走向分析 [J]. 热力发电, 2020 (8): 7-12.

[5] 李臻. "十四五" 时期我国储能产业发展方向 [J]. 电力设备管理, 2020 (5): 27 +67.

[6] 2019 年储能电站行业市场规模与未来发展前景 [J]. 电器工业, 2019 (12): 44-50.

[7] 孙耀唯. 电力转型和高质量发展的新挑战 [J]. 经济导刊, 2020 (5): 60-63.

[8] 王元凯, 周家华, 潘郁, 等. 电网侧储能电站综合评价 [J]. 浙江电力, 2020, 39 (5): 3-9.

[9] 李建林, 李雅欣, 周喜超. 电网侧储能技术研究综述 [J]. 电力建设, 2020, 41 (6): 77-84.

[10] 陈昆灿. 电网侧电化学储能电站规模配置研究 [J]. 国网技术学院学报, 2019, 22 (4): 25-28.

[11] 栗峰, 郝雨辰, 周昶, 等. 电网侧电化学储能调度运行及其关键技术 [J]. 供用电, 2020, 37 (6): 82-90.

[12] 武利会, 岳芬, 宋安琪, 等. 分布式储能的商业模式对比分析 [J]. 储能科学与技术, 2019, 8 (5): 960-966.

第 4 章

第一代虚拟电厂
——邀约型虚拟电厂

4.1 国内实践情况

4.1.1 江苏模式

1. 实施背景

近年来，江苏省电网负荷峰谷差不断增大，现约为4000万kW，每年达到用电最高负荷95%以上的持续时间不到55h，在该情况下如果按照完全满足短时高峰用电需求来投入电源、电网资源的规划建设，对全社会来讲会是一种极大的浪费。为此，江苏省发展改革委会同江苏省电力公司引入需求侧响应能源战略管理模式，运用市场化方式激励和引导用户主动削减尖峰负荷，强化需求侧管理，已取得显著成效。

2. 实施概况

2015年，江苏在全国率先出台了季节性尖峰电价政策，明确所有尖峰电价增收资金用于需求响应激励，构建了需求响应激励资金池，为江苏地区需求响应快速发展奠定基础；同年，江苏省经济和信息化委员会、江苏省物价局出台了《江苏省电力需求响应实施细则》，明确了需求响应申报、邀约、响应、评估、兑现等业务流程。根据历年来实践经验和市场主体的意见，江苏省电力公司会同相关主管部门不断优化激励模式和价格机制，按照响应负荷容量、速率、时长明确差异化激励标准。首创"填谷"响应自主竞价机制，实现用电负荷双向调节，资源主体参照标杆价格向下竞价出清，有效促进资源优化配置，提升了清洁能源消纳水平。2016 年，江苏省开展了全球单次规模最大的需求响应，削减负荷 352 万 kW。2019 年，再次刷新纪录，削峰规模达到 402 万 kW。削峰能力基本达到最高负荷的 3% ~ 5%。为促进新能源消纳，2018 年以来在国庆、春节负荷低谷时段创新开展填谷需求响应，最大规模 257 万 kW，共计促进新能源消纳 3.38 亿 kWh。

这些年江苏省需求响应参与覆盖面不断扩大。从 2015 年主要以工业企业参与需求响应开始，逐步引入楼宇空调负荷、居民家电负荷、储能、充电桩负荷等，不断汇聚各类可中断负荷资源。截至目前，已经累计汇聚 3309 幢楼宇空调负荷，最大可控超过 30 万 kW，与海尔、美的等家电厂商合作，依托家电厂商云平台对居民空调、热水器等负荷进行实时调控。2020 年，首次开展 5 户客户侧储能负荷参与实时需求响应，与万邦合作，首次将江苏地区 1 万余台充电桩负荷纳入需求响应资源池。截至目前，江苏地区累计实施响应 18 次，累计响应负荷量达到 2369 万 kW，实践规模、次数、品种等方面均位居国内前列[1,2]。

4.1.2　上海模式

1. 实施背景

近年上海市用电负荷波动性强，且随着市外可再生能源大规模馈入，上海电网调峰压力持续增加。2017 年上海统调最大用电峰谷差已达 13GW，且需求侧负荷的波动性大，商业、工业以及居民生活中的夏季供冷用电需求占到最高负荷的 40% ~ 45%。

外来电规模日益增大和可再生能源优先消纳趋势带来本地电网调度运行和管理压力。上海目前不参加调峰的市外来电负荷达 1000 ~ 1100 万 kW，占全市最高负荷比重大于 50% 的时间超过 6 个月。市外大规模清洁电力密集馈入叠加上海特大城市电网峰谷用电特性，上海本地机组调停压力显著增加。未来外来电规模有进一步扩大的可能，市外可再生能源等仍将是首要和主要消纳对象，再加上电网建设趋于饱和，提升需求侧灵活性调节能力势在必行。

2. 实施概况

上海市于 2015 年在原有上海市用电负荷管理中心的基础上，成立了上海市需求响应中心，由上海市经济和信息化委员会与上海市电力公司共同管理，为电力需求响应及虚拟电厂试点推广提供了组织保障。一是基本实现用电负荷管理系统、用电信息采集系统全覆盖。其中，用电负荷管理系统拥有 1 个主站、14 个通信基站、2.9 万负控用户，基本覆盖了上海电网内 10kV 及以上电力客户，最高负荷监测能力和可控能力分别达到 1450 万 kW 和 370 万 kW，可对用户每天 96 点负荷实施周期巡测和实时控制，为虚拟电厂及电力需求响应推广提供了数据采集支撑。二是建成需求响应管理平台。2014 年，上海市需求响应管理平台正式上线。近几年，随着需求侧管理市场化水平提升和市场主体多元化完成多次改版升级，并试点建设虚拟电厂运营管理与监控平台，为新业态推广提供平台保障。三是积极构建资源库。系统摸排需求响应及虚拟电厂资源。目前，需求响应平台中，已注册负荷集成商 15 家，接入用户 1961 户，可调节负荷总量 120 万 kW。主要包括工业 86 万 kW，商业 33.1 万 kW，居民 0.4 万 kW，电动汽车充电等 0.5 万 kW。挖掘响应参数、可调节能力较好的需求响应资源参与虚拟电厂响应，7 家运营商和 512 个客户参与，涵盖充电桩、园区微电网、商业建筑、工业自动响应、三联供、储能系统、分布式能源、冰蓄冷装置等多种类型资源。四是积极探索能源生产消费先进技术。试点建设非工空调需求响应系统、工业自动需求响应系统、商业楼宇信息物理系统，不断挖掘居民用户智能用电负荷互动资源。积极推进智慧能源综合服务平台的建设，开展综合能源服务公司负荷集成商平台（虚拟电厂）建设，以实现用户侧资源的合理优化配置及利用。五是支持政策逐步细化。2020 年以来，国家能源局华东监管局印发《上海电力调峰辅助服务市场运营规则（试行）》，首次明确了虚拟电厂参与调峰辅助服务的具体交易规则，包括日前、日内、实时调峰交易；上海市政府出台《上海市促进电动汽车充（换）电设施互联互通有序发展暂行办法》，明确建立以充电运营平台企业、电网企业为主体的居民区两级智能有序充电管理体系。

2014 年，上海市在国内首次开展需求响应试点，实际最高负荷降幅达到约 5 万 kW。2014 年 3 月至 2016 年 10 月，上海共启动需求响应试点 3 次，共参与需求响应负荷 6.22 万 kW，累计降负荷 25 万 kW，补偿金额总计 20.3 万元。其后在 2018 年开展需求响应 3 次，包括春节寒潮削峰、端午填谷、迎峰度夏削峰。累计参与用户 1050 户次，累计削峰负荷 36.62 万 kW，填谷负荷 105.9 万 kW。首次开展大规模填谷响应，涵盖工业生产移峰、自备电厂、冷热电三联供、冰蓄冷空调机组、电力储能设施、公共充电站、小区直供充电桩等全类型可控负荷。填谷负荷量占轻负荷时段网供负荷比例最大达 8.42%、平均达 6.93%。单次最大提升负荷 105.9 万 kW，响应时段平均提升负荷 87.3 万 kW，是国内填谷需求响应中参与负荷类型最多、比例最高、参与客户最多的一次。2019 年开展需求响应实践 6 次，包括劳动节削峰填谷、端午填谷、迎峰度夏削峰、虚拟电厂快速削峰 2 次、迎峰度冬削峰响应虚拟电厂模拟交易试点。累计参与用户 3024 户次，累计削峰负荷 23.56 万 kW，填谷负荷 66.95 万 kW。率先开展局部精准需求响应，最小精准定位至一台 10kV 变压器。率先采取了竞价交易方式，并在需求响应竞价交易中引入通知提前量系数。其中，虚拟电厂快速削峰以及模拟交易试点累计参与用户 270 户次，削峰 21.83 万 kWh，单次最大削峰 9.9 万 kW。首次组合中长期响应、快速响应等类型可调节资源，按照目标负荷曲线进行精准响应。实现了调度需求触发、多品种交易组织、在线监控与管理等功能，实现了整个业务流、信息流的贯通。通过对各类可调节响应资源的组合调用，模拟了常规发电机组爬坡率等参数，规范和细化了每个用户的参与方式，使响应特性曲线与常规发电机组近似，方便调度调用。

3. 商业模式

上海虚拟电厂运营体系的基本成员由电力公司交易中心、调度中心、运管平台以及虚拟电厂四方构成，它们都是参与电力市场交易的市场成员。

交易平台立足于为虚拟电厂提供公平、透明的市场化交易服务，负责引导市场主体入市注册，建立虚拟电厂和用户侧资源的绑定关系，及时发布市场交易信息，组织开展市场化交易，并支持市场出清、结算。

调度控制平台负责根据电网运行情况提出市场需求，具备向虚拟电厂下达控制指令的能力。运营管理平台作为上海市所有虚拟电厂的管理平台，负责建立维护虚拟电厂的有关档案、全流程管控虚拟电厂接入电网系统工程，审核虚拟电厂市场主体资格，归口管理虚拟电厂的响应基线，记录并认定交易执行结果。

虚拟电厂运行控制平台对内以模拟常规电厂外特性为目标，实现对虚拟电厂内部资源的优化聚合、协同控制，管理与内部资源之间的代理协议；对外代替所属资源向交易平台和管理平台完成入市、注册等相关管理流程，并作为一个市场主体参与市场交易。

在当前上海虚拟电厂运营体系中，根据虚拟电厂不同的响应能力，从中长期和短期两个时间维度共设计了4种不同收益水平的交易品种，包括中长期和短期需求响应交易、中长期备用交易、短期替代调峰交易等。

中长期备用交易为了满足市场用电的需要，根据发布的电力调度指令，要求虚拟电厂提供的预留发电容量或负荷响应必须在10min内完成调用。按月度组织交易，由电力调度机构综合考虑负荷预测、机组运行计划、需求预测误差等情况确定次月的备用需求，交易中心根据备用需求组织开展月度交易，由有意愿提供备用服务的虚拟电厂参与交易[3,4]。

4.2 国外实践情况

4.2.1 美国

美国电力市场环境开放，目前是世界上实施需求响应项目最多、种类最齐全的国家。美国有三种典型的商业运作模式：政府直接管理模式、电网公司管理模式和独立第三方管理模式。

同时，美国也是较早开展电力需求响应的国家之一，经验丰富。以美国新英格兰地区为例，该地区电力系统运行机构实施的需求响应计划分两类：一类是负荷响应计划；另一类是价格响应计划。用户只能选择其中之一参与且减少负荷不得少于 100kW，但不多于 5MW。对不能减少 100kW 仍想参加该计划的用户，可以进行集合，集合后的负荷总量必须超过 100kW，且必须位于同一区域。参加负荷响应计划的用户根据运行机构指令减少电力需求，减少电力负荷用户可获得补偿。

美国能源部与美国联邦能源监管委员会 2009 年 6 月发布的《需求响应潜力报告》显示，如果所有美国电力用户都采用动态电价与智能电网技术，广泛实施需求响应措施，在今后 10 年中最高可削减全美峰荷的 20%。

美国加利福尼亚州自动需求响应系统（Automated Demand Response System，ADRS）项目：ADRS 运行在一种尖峰电价的电费下，ADRS 试点项目是一个小规模的探索性项目，只有 175 户。试点的参与者安装了 GoodWatts 系统，允许用户通过网络程序设定自己对控制家电产品的喜好。在尖峰电价下，高峰期的电价较高，所有其他小时、周末和假期都采用基准费率。

美国得克萨斯州的空调负荷管理项目：这是控制技术在需求响应中的典型应用，用户参与度相当高。在夏季负荷高峰时，AustinEnergy 利用温控器来循环控制用户的空调以削减峰荷，并允许用户利用在线工具控制自己的智能温控器。得克萨斯州已经安装了 86000 个智能温控器，削减峰荷 90MW。

4.2.2 欧洲

英国对于电力需求响应也有独特的做法，近年来已经有许多需求响应项目实施。对于工商业大用户，可以与电力供应方签署分时电价方式协议或者中断负荷协议；电力供应方也可以控制这些大用户负荷，保证电力系统可靠运行。对于小型用户，估计约有 450 万英国用户按照时变电价费率缴费，比如用户可在夜间享受打折电价。例如，在凌晨 1 点到上午 8 点享受低电价，用户可在这段时间给其蓄热式电加热系统充电，以较低电价满足给房间加热的需求。要参与这种需求响应项目，用户一般需要安装新型的测量装置，这种测量装置一般含有通信和远控功能。政府鼓励大家采用蓄热式电加热系统，以提高夜间基荷的总量和稳定性。

北欧国家芬兰是一个能源匮乏的国家。因此，芬兰对宝贵的能源开展了全方位集约化经营，积极开展电力需求响应。芬兰自1964年开始实施分时电价。分时电价机制对于降低日负荷的峰值起到了积极作用，缓解了电力供应的压力。芬兰已经立法规定电力公司必须采用分时电价，并设计了专用计量系统。自电力市场开放竞争后，类似直接负荷控制的削减电力峰值的措施很快停止，负荷曲线逐渐变得更加平滑，很大程度减小了电力供应压力。从2014年开始，芬兰几乎所有实现电力需求响应的用户电价都采用了分时电价。

法国在需求响应方面主要采用的是分时电价方案。法国一个名为Tempo的需求响应项目，有超过1000万消费者参加这一项目。此项目将全年分成蓝色日、白色日和红色日三种电价，每天又分峰荷与非峰荷两种电价。

参 考 文 献

［1］王琴明. 苏州电力需求侧管理城市综合试点的探索和研究［G］//2017年中国电力企业管理创新实践——2017年度中国电力企业管理创新实践优秀论文大赛论文集（下册），2018.

［2］马琲劼，徐正安. 江苏电网"填谷"需求响应的探索与实践［J］. 电力需求侧管理，2018，20（6）：50-52.

［3］屠盛春，刘晓春，张皓. 上海市黄浦区商业建筑虚拟电厂典型应用［J］. 电力需求侧管理，2020，22（1）：52-57.

［4］应志玮，余涛，黄宇鹏，等. 上海虚拟电厂运营市场出清的研究与实现［J］. 电力学报，2020（2）：129-134.

第**5**章

第二代虚拟电厂
——市场型虚拟电厂

5.1 电力市场的完善和商业模式的创新 ◀◀◀

5.1.1 现货市场中的第二代虚拟电厂

随着电力市场改革的不断推进,电力现货市场逐步开放,越来越多灵活的可再生能源参与市场交易。为了保证电网安全稳定运行,虚拟电厂应运而生。在现货市场上,虚拟电厂聚集不同的资源,作为一个整体参与市场交易。

虚拟电厂通过聚合管理可调负荷、分布式电源、储能等灵活性资源,参与电力市场的运行,结合需求侧调节来维持系统的稳定性,可以有效促进分布式新能源参与现货市场实现系统电量实时平衡,从而提高清洁能源的利用与消纳。

电力现货市场的概念是较中长期市场而言的,主要进行日前、日内、实时电能交易、待机、调频等辅助服务交易。虚拟电厂参与的电力市场包括日内市场、实时市场、辅助服务市场等,可以建立日内市场、双边合同、均衡市场、混合市场等市场模式。在新能源占比大的市场中,发电预测曲线偏差大、现货市场价格波动明显、火电企业备用成本高等问题突显。虚拟发电厂作为一个中介,根据动态组合算法或动态博弈论的规则,对多个分布式发电机组进行动态组合具有灵活性。动态组合的实时性和灵活性,可以避免实时不平衡所带来的成本问题和因电厂停运、负荷和可再生能源输出预测误差所带来的组合偏差问题。在现货市场完成后,可以进行短期电力交易,不仅可以帮助电力用户发现价格信号,还可以促进可再生能源的消费。

在现货市场中，考虑到可再生能源的出力、负荷和实时电价等不确定因素，虚拟电厂需要建立不同市场环境下的调度和竞价模型，提高适用性。其次，作为解决可再生能源消耗问题的技术手段，电力现货价格的实时波动将大大增加虚拟电厂控制系统的复杂性，并将实时和综合运行优化相结合，现场电价的预测信号和系统本身的运行参数将给虚拟电厂的控制技术带来巨大的挑战。最后，电力的实时现货价格变动会带来巨大的虚拟电厂盈利的机会，虚拟电厂需要进一步提高运行效率，以效益最大化为目标，通过技术手段优化内部资源组合，跟踪电价，实现资源的高效利用，而这些都需要建立在第二代虚拟电厂成熟的市场模式基础上。

5.1.2 电力商业模式创新与新型电网形态的兴起

1. 商业模式的创新

商业模式在能源行业新技术的市场化和货币化的过程中扮演着重要角色。随着分布式能源的迅猛发展，一些创新的商业模式使得能源消费者更加融入市场。智能电表和数字化技术为小型消费者参与电力市场提供了可能，并衍生出 P2P 等交易平台以及"Energy as a Service"能源服务模式，创新的商业模式推动了可再生能源的高比例接入。

作为当前能源电力的创新商业模式之一，虚拟电厂对分布式能源、需求响应、分布式储能等采取集中管理、统一调度的措施，对各种虚拟发电资源进行了汇聚和协同，对分布式能源的消纳问题具有重要意义。但也要看到，在目前的技术手段下，虚拟电厂运行中存在着一些潜在问题，制约其进一步发展。首先，虚拟电厂的交易缺乏公平可信、成本低廉的交易平台，这无疑加大了虚拟电厂之间以及虚拟电厂和用户之间的交易成本，无法实现效益最大化的目标。其次，虚拟电厂缺乏公开透明的信息平台，分布式能源无法在一个信息公开对称的环境下选择参与的虚拟电厂。面对上述潜在问题，市场管理者对规则和机构进行调整，同时市场参与者信任的建立，需要巨大的时间成本，无疑会拖慢虚拟电厂的发展进程。

未来随着5G通信、区块链等技术的发展应用日益成熟，虚拟电厂的发展也将迈入新篇章，例如在区块链技术支持下，可以快速为虚拟发电资源的交易构建一个成本低廉、公开透明的系统平台，实现虚拟电厂和发电资源在公开透明的信息平台上进行双向选择。同时，虚拟电厂之间以及虚拟电厂和用户之间通过区块链市场交易平台，不仅可以签署智能合约建立长期购电关系，还可以进行实时买卖，这无疑为家庭等用户参与电力交易提供了便利。综上，在当前及未来的能源电力行业中，商业模式的创新对虚拟电厂的运行模式提出了新的要求。

2. 电网新形态的提出

近年来，有关未来电网形态的讨论一直备受关注，新形态对未来电网会产生决定性的影响，其中云储能、能源互联网及泛在电力物联网的提出较为深远。

云储能作为一种电网潜在发展的新形态，具体指一种基于已建成的现有电网的共享式储能技术，用户可以按照使用需求随时随地地使用共享储能资源并支付相应的服务费。可以预见，储能设备的容量和市场交易参与度会大大增加，这对虚拟电厂在维护系统稳定性、提高运行效益等方面具有积极的作用。储能系统是虚拟电厂的重要组成部分，对虚拟电厂的可控性、灵活性和清洁性起作用。首先，提高可再生能源利用率，当光伏、风力发电等超过预测值或出力大于负荷时可将多余功率暂时存储在储能设备中；当可再生能源出力不足时，可将储能设备中的能量转化为电能进行利用。其次，改善虚拟电厂的电能质量，虚拟电厂中电力电子设备的广泛应用给系统带来了大量的谐波，可以通过储能系统的逆变器输出与谐波电流大小相等、方向相反的电流对谐波进行补偿以提高电能质量。

能源互联网也是一种备受关注的电网新形态，是指一种以电力系统为核心、集中式以及分布式可再生能源为主要能量单元，依托实时高速的双向信息数据交互技术，涵盖电力、煤炭、石油、天然气以及公路和铁路运输等多类型、多形态网络系统的新型能源供用生态体系。而虚拟电厂在控制运行中的关键技术就是信息通信技术，与能源互联的新形态息息相关。虚拟电厂采用双向通信技术，不仅能够接收各个单元的当前状态信息，还能够向控制目标发送控制信号，能源互联新形态为虚拟电厂规模的快速扩张提供了良好的基础。自2016 年 2 月以来，我国开始逐步推动能源互联网建设，并先后在全国开展试点，建设效果未能满足预期，而缺乏配套的商业模式使得各方资本在实际投资过程中缺乏积极性就是重要原因之一。由于分布式并网成本相对较高，这与我国降低用户用能成本的目标相矛盾。考虑到分布式发电具有就地取材、就地消纳的特点，同时有利于我国清洁低碳能源体系的构建，有必要进行市场机制或商业模式创新，促进分布式并网发电。随着电力市场不断完善，以及通信控制技术的发展，第二代虚拟电厂可以摆脱区域范围限制，在通信、控制、计算机等技术支撑下，通过电力市场利益驱动，协调分散式风电、分布式光伏等各类分布式能源的出力波动，提高用户侧运行灵活性，也在能源互联网与分布式发电的兴起中应运而生。

泛在电力物联网是近年来国家电网公司提出有关未来电网形态的战略发展目标，旨在建设各级电网协调发展、状态全面感知、信息高效处理的坚强智能电网和泛在电力物联网，发挥电网在能源汇集、传输、转换中的枢纽作用，促进清洁低碳发展，促进供需对接，提高系统灵活性。未来电力市场机制的发展以及政策的支撑，将加速以风、光等可再生能源为代表的分布式电源、柔性负荷、储能等分布式能源的发展，泛在电力物联网为虚拟电厂的建设与实施提供了技术驱动力，泛在电力物联网可以实现终端设备数据的灵活获取，在此基础上通过云计算、边缘计算等技术进行数据分析，可作为虚拟电厂交易及调度优化的基础。第二代虚拟电厂通过市场的配置手段，实际上融合了物理、信息、价值等多种要素，通过以上要素的重组聚合，利用市场的一般经济规律来实现其价值增值。其中，物理系统是虚拟电厂运营的基础，价值系统是其运营驱动力，信息系统则是连接物理与价值的媒介与核心。这实际上也是能源互联网与泛在电力物联网的基本特征，从长期规划来看，第二代虚拟电厂是推进泛在电力物联网建设的基础，也将成为泛在电力物联网与能源互联网的基本单元和终极形态。

5.2 第二代虚拟电厂的基本定义与分类 ◀◀◀

5.2.1 第二代虚拟电厂的基本定义

随着包括分布式电源、储能装置、电动汽车、可调负荷等在内的各类分布式能源的逐步规模化接入电网，在增强了系统的运行经济性、灵活性与环保性的同时，各类分布式能源自身的波动性与不确定性也对系统的灵活运行提出了新的要求。虚拟电厂这一概念的出现，无疑为高比例分布式能源大规模接入电网提供了一种崭新的思想，即可通过区域性多能源聚合的方式，来实现对大量分布式能源的灵活控制，从而在保证电网安全稳定运行的基础上，最大化各类分布式能源对于增强系统源网荷储侧互动的独特优势。

如图 5-1 所示，虚拟电厂的出现打破了传统电力系统中物理概念上的发电厂之间、发电侧和用电侧之间的界限，从技术层面讲，虚拟电厂并未对系统中分布式能源并网的方式进行实质性的改变，而是通过先进的控制、计量、通信手段对分布式电源、可控负荷、储能系统、电动汽车等不同类型的分布式电源进行聚合[1]，特别地，在电力市场环境下，不同于第一代，第二代虚拟电厂可以通过参与各类电力市场交易，以更灵活开放的方式来调控配置其内部的分布式能源资源，在挖掘更大收益潜力的同时也能为系统提供更优质的管理及辅助服务。

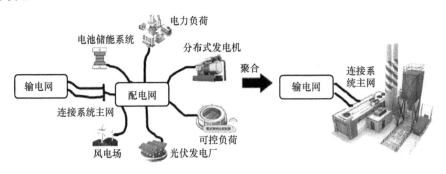

图 5-1 虚拟电厂的聚合模式

综上，第二代虚拟电厂可以定义为，以电力市场配置电力资源运行为驱动，通过协调、优化和控制由分布式电源、储能、智慧社区、可控工商业负荷等柔性负荷聚合而成的分布式能源集群，作为一个整体参与各类电力市场交易并为电力系统运行安全提供调峰、调频、紧急控制等辅助服务的分布式能源聚合商。其内部结构如图 5-2 所示。

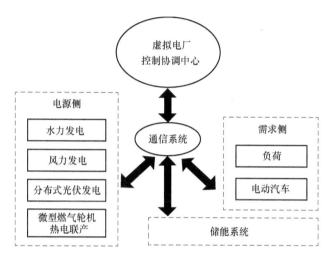

图 5-2　虚拟电厂的内部结构

在上述结构中，发电侧的分布式能源实际上可分为自用型和公用型两类。自用型分布式电源的首要任务是满足其自身的负荷需求，在有多余发电能力的情况下，才考虑把多余的电能输入电网参与市场交易，典型的自用型分布式电源系统主要是一些小型的分布式电源，如屋顶建筑光伏，为个人住宅、商业负荷等提供自用服务；公用型分布式电源的主要任务则是将自身所生产的电能输送到电网，其运营目的就是参与电力市场出售所生产的电能，典型的公用型分布式电源系统主要包含风电、光伏等新能源电站。储能系统既可以来源于电源侧及负荷侧的自身配备，也可以是独立的储能单元的集合，主要功能是平抑可再生能源和负荷侧的出力波动，提升聚合区域的整体运行灵活性；通信系统是虚拟电厂进行能量管理、数据采集与监控，以及与电力系统调度中心通信的重要环节，可使得虚拟电厂的管理更加可视化，便于电网对虚拟电厂进行监控管理[2]。

5.2.2 第二代虚拟电厂的分类

1. 按照控制结构的分类

按照控制结构的不同，第二代虚拟电厂可以分为集中控制、集散控制和分散控制三类[3]。在集中控制结构中，由控制中心掌握所有发电或用电单元的全部信息，并对每一个单元制定的发电或用电方案拥有完全控制权。在集散控制结构中，虚拟电厂被分为总控制中心和本地控制中心两个层级。总控制中心只负责将任务分解并分配到各本地控制中心，由各本地控制中心负责制定辖区内各单元的发电或用电方案，而总控制中心则将工作重心转移到依据用户需求和市场规则的能量优化调度方面[4]。在完全分散控制结构中，虚拟电厂控制协调中心由数据交换与处理中心代替，而虚拟电厂也被划分为相互独立的自治的智能子单元，这些子单元不受数据交换与处理中心控制[2]，只是接受相关信息并对自身运行状态独立地进行优化控制。

相较而言，集中控制的虚拟电厂要求虚拟电厂完整掌握涉及分布式运行的每一个单位的信息，同时，其操作设置需要满足当地电力系统的不同需求。这一类型的虚拟电厂，在达到最佳运行模式时会有很大的潜力。但往往由于具体的运行实际的限制，可扩展性和兼容性较为有限；分散控制的虚拟电厂是指本地控制的分布式运行模式，分散控制的虚拟电厂通过模块化的本地运行模式和信息收集模式有效地改进了缺陷，但中央控制系统在运行时仍然需要位于整个分散控制的虚拟发电系统的最顶端，以确保系统运行时的安全性和整体运行的经济性；而完全分散控制的虚拟电厂运行模式可以认为是分散控制的虚拟电厂的一种延伸，其中央控制系统由各分布式的数据交换处理器代替，这些数据交换代理提供如市场价格、天气预报以及数据记录等有价值的信息，对于虚拟电厂内接入的各分布式能源用户而言，由于完全分散控制的虚拟电厂模式的即插即用能力，此模式相比前两种模式会具有很好的可扩展性和开放性。

基于以上三种模式的运行特点，完全分散控制的虚拟电厂更适合于在市场中投入运行。在欧盟研究委员会规划设计的一个未来电力系统网络模型中，电网中的每一个节点都被激活，反应灵敏，具备对于实时运行环境变化的敏感性并可以智能调整价格，而完全分散控制的虚拟电厂的有效运行在该模型中被视为分布式发电成功迈向成熟运营的关键基础之一。

2. 按照对外体现功能的分类

按照对外体现的功能不同，虚拟电厂又可分为两种类型：商业型虚拟电厂（Commercial VPP，CVPP）和技术型虚拟电厂（Technical VPP，TVPP）。

CVPP 的关注焦点在于最大化其内部各类分布式能源用户的综合收益，即主要考虑商业收益，而一般不考虑配电网的影响。对于各类分布式能源的投资组合而言，这种通过资源整合并统一调度控制参与市场的方式，一方面降低了单个分布式能源参与市场的不平衡风险，并通过聚合实现了资源多样性及增加了整体容量，另一方面通过 CVPP 的聚合模式，各分布式能源主体还可以从规模经济和市场信息中获得额外收益。基于上述特点，参与 CVPP 业务的运营商可以是任何第三方独立企业、能源供应商或新的市场进入者。最后，在聚合分布式能源资源的地理位置方面，在分布式能源的投资组合不受所处地理约束的市场环境下，CVPP 可以代表系统中任何地理位置的分布式能源，而即便在对参与分布式能源地理位置有限制的市场中，例如要求均位于某一配电网区域或输电网节点，CVPP 仍然可以表示来自不同位置的分布式能源，只是分布式能源的聚合必须按位置进行，从而产生一组由地理位置决定的分布式能源组合序列。

TVPP 则首先一般由分布在同一地理位置的分布式能源组成，其关注的重点在于为系统运行提供服务，主要功能包括为 DSO（配电系统运营商）提供本地系统管理以及为 TSO（输电系统运营商）提供系统平衡和辅助服务。显然，TVPP 的运营商需要有本地网络的详细信息，因此本地的 DSO 往往作为 TVPP 运营商主体的不二选择。同样地，TVPP 也可通过一个聚合的配置文件来表示各分布式能源成本和运行特性，但不同的是，需要考虑局部配电网对各分布式能源组合出力的约束，TVPP 聚合并模拟了一个包含分布式发电、可控负荷等分布式能源和单一地理电网区域内网络系统的响应特性，本质上提供了对配电网子系统的运行描述。

5.3　电力市场中的第二代虚拟电厂　◀◀

虚拟电厂作为一种受电力系统运行约束，以电力市场规则、电力系统运行需求、内部成员利益 3 方面条件驱动的电力系统市场化运营模式之一，需构建有效提高内部成员积极性、友好响应系统外部需求的虚拟电厂组织形式、商业模式。

在现阶段，虚拟电厂主要通过调度灵活性资源提供辅助服务。随着电力市场机制的逐步完善以及售电市场的建设，以虚拟电厂为核心的售电公司将逐步参与电力市场交易。也就是说，虚拟电厂运营商可以作为一个独立的市场主体代理自己服务范围内的分布式能源、柔性负荷、储能系统等灵活性资源主动参与电力市场。

5.3.1　参与电能量市场

本节以虚拟电厂参与电能量市场为例，对虚拟电厂参与市场的竞价交易过程以及与各市场主体之间的协调关系进行介绍。考虑在发电侧和用户侧双边开放的集中式电力市场，交易均按统一出清价结算。我们知道，虚拟电厂内既有发电资源又有需求侧资源，因而在每个交易时段，虚拟电厂都可以同时参与发电侧市场与售电侧市场来竞价交易。基于虚拟电厂的容量限制，虚拟电厂可视为价格接受者，其报价不会影响到市场的最终出清电价，因此虚拟电厂就可根据预测的电力市场电价以及市场的历史数据，根据内部各分布式能源的实时运行状态来合理设置在双边市场的竞标电量及报价。如图 5-3 所示，虚拟电厂参与的电力市场的竞标流程可分为计划、运行和结算三个阶段。

1）计划阶段：在日前市场开启前，虚拟电厂主要根据各分布式能源的历史运行情况，参与市场运营商组织的中长期市场，签订双边合同。

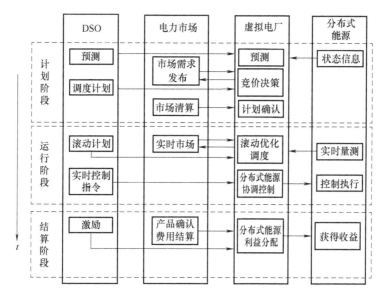

图 5-3 虚拟电厂的竞价交易过程示意

2）运行阶段：日前市场开启时，虚拟电厂作为市场的价格接受者，需要根据内部分布式能源运行的历史数据及市场的历史交易情况来确定下一交易日的竞标策略，并将最终的竞标电量及报价提交给市场运营商，市场运营商在日前市场关闭前完成出清，次日，虚拟电厂需按照中标的电量及电价完成交易。而在日内市场中，由于实时电能量市场是逐时段开启的，虚拟电厂需要实时更新并重新预测其内部各分布式能源的状态，重新制定并逐时段市场运营商提交参与现货市场的竞标电量及电价。在实时运行之前，市场运营商会根据最新的超短期负荷预测结果及电网运行信息对全网的发电资源重新进行集中优化，每隔一段时间滚动出清下一时段的实时中标电量和电价[5]。

3）结算阶段：由于实时电能量市场的出清结果与日前交易计划存在差异，在事后结算中，一般日前中标电量按照日前中标电价结算，而实时中标电量与日前中标电量的偏差按照实时中标电价结算[5]。此外，在结算阶段的内部收益分配方面，虚拟电厂会把从 DSO 处获得的激励以及市场收益按照某种公平机制分配给每个做出贡献的分布式能源。

需要额外补充说明的是，在现行的交易过程中，由于配电网主要用于管理用户和发电资源的并网，所以 DSO 并不具有发电计划的审核的资格，而主要完成验证发电计划以及制定调度顺序的工作。在竞价过程中，虚拟电厂将分布式能源发送的报价整合之后就会发送给市场运营商，在运行了出清程序之后，市场的出清结果会被发送给 TSO 以及对应的 DSO。而另一方面，在市场运营者进行优化求解之前，DSO 也会接收到虚拟电厂分解的投标信息并进行相关验证，只有符合要求的投标才有通过市场出清的机会。

5.3.2　参与辅助服务市场

本节主要对虚拟电厂参与辅助服务市场的交易过程进行介绍。首先，辅助服务交易在电力现货市场中是不可或缺的组成部分，是维持电力系统稳定的基本途径。电力市场辅助服务是指为维护电力系统的安全稳定运行，保证电能质量，除正常电能生产、输送、使用外，由发电企业、电网经营企业和电力用户提供的服务，目前主要包括一次调频、自动发电控制、调峰、无功调节、备用、黑启动等功能。以下内容，以调频功能为例对辅助服务市场进行阐释。

与电能量市场交易类似，虚拟电厂参与的调频服务市场的竞标流程可以分为日前、实时和结算三个阶段。

1）日前阶段：在日前市场中，电网调度中心公布次日调频需求，作为辅助服务市场交易的开始阶段。此时，虚拟电厂及其他发电单位需要参考自身调节能力向调度中心日前申报参与辅助服务市场的任务量。最后，电网调度中心会进行日前预出清，公布虚拟电厂及其他发电单位在次日需要承担的调频任务。

2）实时阶段：次日，电力现货市场开放。由于日前对调频需求和发电单位调频能力的预测会存在一定的偏差量，实时现货市场需要对此部分偏差以及相应的经济利益，通过竞标交易进行再次分配。现货市场上，电网调度中心会根据实际运行情况进行正式出清，有富余调节能力的虚拟电厂及其他发电单位应当积极响应电力调频需求，参与辅助服务实时交易。最后，电网调度中心会对虚拟电厂及其他发电单位各自的实际出力情况进行结算，作为结算阶段的交易凭证。

3）结算阶段：由于现货市场的出清结果与日前交易计划存在差异，一般日前中标电量按照日前中标电价结算，而实时中标偏差电量按照实时中标电价结算。并且，调频服务电价与电能量电价一般会存在一定的差价。针对结算阶段的内部收益分配，虚拟电厂根据每个分布式能源实际出力情况把电力市场收益进行公平的分配。辅助服务市场目前在结算阶段广泛采用调频市场保险机制，值得关注该制度的运行机制。首先，该机制中的参与主体主要为电力市场交易中心、虚拟电厂及其他发电单位，其中交易中心充当提供保险业务的机构，而虚拟电厂及其他发电单位充当保险业务的购买者。然后，该机制是根据辅助服务市场自身需求应运而生的。在日前市场中，供应商会根据自身历史运行数据对自身参与辅助服务能力做出预测，作为市场竞标电量的依据。然而，预测差值会给发电主体带来市场风险，如果预测偏大无法完成调频任务，会受到经济惩罚；如果预测偏小无法获得最大经济效益，影响企业经营。最后，该机制在实际运行过程中，虚拟电厂及其他发电单位会对自身交易风险做出评估，在辅助服务市场开始之前决定本次市场交易是否向电力交易中心缴纳保险费用。缴纳保险的发电企业，如果无法完成辅助服务任务，交易中心会根据投保金额的大小对企业的经济惩罚进行一定量的减免。

总的来看，相比过去辅助服务主要由火电机组提供，虚拟电厂参与辅助服务交易，有利于优化市场结构，保证经济和社会效益最大化。虚拟电厂对分布式发电、可控负荷、储能系统、电动汽车等不同类型的分布式电源进行聚合，其实特别适合参与电力系统调频等辅助服务。例如，分布式发电具有快速精确的响应能力，有利于提高系统的稳定性，调节效率明显优于传统火电机组。分布式发电的聚合有利于优化资源配置，充分利用需求响应以及风、光等可再生资源，降低辅助服务成本，有效缓解辅助服务给火电企业带来的经营压力，提高整个电力系统运行的经济性。

5.3.3　参与绿证、碳市场

全球变暖问题在世界范围内变得日益严重，平衡经济发展和碳排放的问题一直备受关注。1997 年通过的《京都议定书》成为了世界范围内低碳经济发展的萌芽，之后 2005 年启动的欧盟碳排放交易市场，开创了碳排放权作为商品交易的先河。我国多年以来始终重视低碳经济的发展，目前碳交易市场主要为试点形式的配额交易，已经初具成效。

我国碳交易市场机制借鉴了欧盟排放交易体系，对七大碳交易试点：深圳排放权交易所、上海环境能源交易所、北京环境交易所、广州碳排放权交易所、天津排放权交易所、湖北碳排放权交易中心和重庆碳排放权交易中心均采用了碳排放总量控制措施，同时接受自愿减排量抵消碳信用。碳排放交易产品主要有碳排放权配额和核证自愿减排量。其中企业碳排放配额分配方法主要采用历史排放法和行业基准线法，可以采取有偿购买手段获得分配年度配额。碳排放交易机制中，市场个体在合约期内碳排放量应当小于其碳排放的配额数量和核证自愿减排量的总和，否则会受到相应的处罚。

虚拟电厂通过聚合管理可调负荷、分布式电源、储能等灵活性资源，日益成为碳交易市场运行过程的重要主体。研究虚拟电厂参与碳排放市场交易机制，可以将其聚合的发电资源个体分为清洁能源机组和常规机组。清洁能源机组主要由风光分布式发电、可调负荷等主体构成，虚拟发电过程中碳排放接近于零。该类机组的减排效益在碳交易市场中可以得到突显，并且使用某些方法进行量化，其并网运行代替常规机组发电的碳减排量经过核证后，可以进入碳排放市场进行交易并获得相应利益。常规机组在发电过程会有碳排放，因此需要根据碳排放权分配方法获得免费的初始碳排放权，并且需要实际运行过程中的碳排放量在碳交易市场中出售或者购买相应的碳排放权，从而避免受到处罚，实现运行过程中效益的最大化。

而另一方面，近些年来，为了促进清洁的可再生能源发展，我国还在有力推行绿色证书交易制度。绿色证书交易制度，是指专为绿色证书进行买卖而营造市场的制度，是保证可再生能源配额制度有效贯彻的配套措施。它将市场机制和鼓励政策有机地结合，使得各责任主体通过高效率和灵活的交易方式，用较低的履行成本来完成政府规定的配额。

　　绿色证书制度的推行，在我国具有深远的渊源。过去，我国为了扶持可再生能源发电机组，采用上网电价固定补贴机制，但是存在一些问题，诸如补贴发放出现延迟现象、可再生能源购买企业所受保障不足等。绿色证书制度应运而生，起初采取自愿购买形式，对上述问题有效缓解。但由于"绿证"认购价格不高于证书对应电量可获得的可再生能源固定电价补贴金额限制，企业购买热情不高，因此逐渐出现强制性的配额机制。绿色证书就是将基于配额形成的可再生能源发电量证券化，可以看作可交易的有价证券，其价格由可再生能源电价高于常规电价的"价差"决定，并随着市场供求状况的变化而波动，实现可再生能源电能的绿色价值，并使得可再生能源配额借由绿色证书实现可交易，巧妙地解决了配额制度的市场化问题。

　　虚拟电厂通过聚合管理可调负荷、分布式电源、储能等灵活性资源，其中含有大量的可再生能源发电资源，在绿证证书制度中具有重要的市场交易价值。研究虚拟电厂参与绿证市场交易过程，可以将其聚合的发电资源个体分为绿色能源机组和非绿色能源机组。绿色能源机组主要由风力发电、光伏发电等可再生能源发电构成，该类机组的可再生能源发电量基于配额发生证券化，等价于可以交易的有价值证券。这些有价证券，可以看作可再生能源绿色价值的体现，通过将绿色证书交易给需要满足配额要求的企业，从中获得相应的经济效益，取代了过去国家补贴的方式。这部分经济收益受到市场供需平衡的调节，进一步促进了绿色价值收益分配的公平性和合理性。非绿色机组在发电过程中显然不会获得出售绿色证书的权益，并且其所属企业不含有足够的可再生发电资源时需要进入市场使用等额的经济代价交易到足量的绿色证书来满足国家强制性配额。

5.4　第二代虚拟电厂的发展趋势与在我国的应用前景

　　由于虚拟电厂首先在国外特别是欧美国家得到应用与实践，以上有关虚拟电厂的基本结构与分类、运行控制框架及参与电力市场的过程主要也基于一些国外成功的虚拟电厂项目，比如欧洲的 FENIX 项目。

　　回顾国内虚拟电厂的相关实践情况，实际上，在我国进行虚拟电厂的相关试点工作之前，无论是在近年来我国微电网项目还是在增量配网项目的诸多实践中，与 TVPP 相近的运营模式已经得到了很多探索，其落地中遇到的许多问题，究其原因是缺乏合理的商业模式。显然，投资建设大量分布式可再生能源、规模化发展电动汽车的配套设施以及信息物理系统的建设等，都将在前期增加电力系统运行成本，只有进一步发挥分布式发电、分布式储能、微电网等资源的减排价值与灵活性价值，才能有效解决上述问题与矛盾[6]。此外，在上海的商业建筑虚拟电厂项目、江苏的"源网荷智能电网"系统的应用（实际上可视为一个大规模的促进新能源消纳的虚拟电厂）以及冀北的虚拟电厂参与辅助服务市场的示范项目中，CVPP 参与电力市场的运营模式也得到了很多宝贵的实地经验。

　　追本溯源，无论是国内还是国外，虚拟电厂这一概念的出现以及各国在实践中的探索，离不开供给侧各类分布式可再生能源发电的大量发展，需求侧各类可调负荷的大量出现以及储能、电动汽车等资源的规模化发展，电网的供需平衡环境发生的变化对系统的运行方式变革提出了新的要求，即电网结构向清洁低碳转型以及电网运行方式向源网荷储灵活互动转型，这是虚拟电厂在我国与欧美国家得以出现并逐步兴起的共同背景。而另一方面，我国与欧美国家的不同之处在于，欧美国家的电力市场化改革已在虚拟电厂提出之前或同时期，得到了较完备的发展，其虚拟电厂的众多实践案例也表明了市场配置资源的开放竞争的环境是在一定意义上有利于虚拟电厂这一分布式能源聚合商的实践落地的。而我国当前的电力市场化改革还面临着诸多挑战，如何在我国电力体制改革的实际背景中发展与应用虚拟电厂，实际上也是如何找到一条协调我国电力市场化进程与能源转型的中国特色道路的一个交切面所在。但毋庸置疑的是，虚拟电厂作为一种能有效提高能源使用效率、优化可再生能源消纳、实现大量分布式能源的可靠接入与灵活控制的有效市场手段，未来在我国能源清洁、低碳、高效转型与电力体制改革中，必将得到更多的理论发展与实践应用，给出更多中国特色的虚拟电厂成功案例。

参 考 文 献

[1] 卫志农，余爽，孙国强，等. 虚拟电厂的概念与发展 [J]. 电力系统自动化，2013，37 (13)：1-9.

[2] 方燕琼，艾芊，范松丽. 虚拟电厂研究综述 [J]. 供用电，2016，33 (4)：8-13.

[3] ANDERSEN PB, POULSEN B, DECKER M, et al. Evaluation of a generic virtual power plant framework using service oriented architecture [C]. Power and Energy Conference, IEEE 2nd International, 2008：1212-1217.

[4] 刘吉臻，李明扬，房方，等. 虚拟发电厂研究综述 [J]. 中国电机工程学报，2014，34 (29)：5103-5111.

[5] 李有亮，钱寒晗. 现货电力市场中的实时市场模式 [J]. 中国电力企业管理，2018 (7)：64-66.

[6] 王宣元，刘敦楠，刘蓁，等. 泛在电力物联网下虚拟电厂运营机制及关键技术 [J]. 电网技术，2019，43 (9)：3175-3183.

第6章
第二代虚拟电厂的控制与优化

6.1 运行控制框架与方案 ◄◄

前面已经提到，虚拟电厂可以将区域内的各类分布式能源聚合后接入电网，在这一载体下，个体分布式能源可以获得能源市场的准入并从虚拟电厂得到相关市场的实时信息。另一方面，虚拟电厂使其所属的各类分布式能源对系统运营商可见，向电网提供了一种可用于电力网络主动控制与响应的聚合资源，在市场运行中与输电网和配电网一起实现分层的需求上报与价格激励信息交互，如图 6-1 所示。

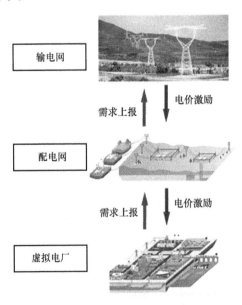

图 6-1　虚拟电厂与输配电网的协作关系

而在实际运行中，虚拟电厂会从描述各分布式能源的参数组合中创建一个操作配置文件，这个文件也正是虚拟电厂的核心信息，换而言之，虚拟电厂是可用于参与例如在批发市场中签订合同等电力交易以及可以向系统运营商提供管理与辅助服务的分布式能源组合信息的灵活表示，这两类不同用途的配置文件也正是 CVPP 和 TVPP 的运行核心信息。第二代虚拟电厂的运行控制框架如图 6-2 所示，描述了 CVPP 与 TVPP 的分工关系、与 TSO、DSO 的协作关系及参与电力市场的框架。

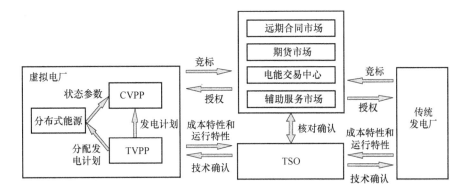

图 6-2　虚拟电厂的基本运行框架与分类

6.1.1　商业型虚拟电厂

如图 6-3 所示，在商业型虚拟电厂（CVPP）的实际运行中，每个分布式能源主体都需要首先上报其运行参数、边际成本等信息，一般可由 CVPP 安装在这些分布式能源处的终端装置完成信息采集，这些分布式能源的输入信息同市场分析、地方数据等其他输入信息一起汇集到单一的虚拟电厂中创建配置文件，每个文件都代表了一个分布式能源实时组合的运行描述。随着 CVPP 获取的市场交易信息不断增加，CVPP 将逐步完成在远期合同市场、期货市场、电能量市场及辅助服务市场的投资组合方案的优选并实时评估各类分布式能源聚合后参与相关交易的能力，最后 CVPP 将向电力交易中心提交相关的订单合同和相应的投标报价的信息，而 CVPP 组合方案中的各分布式能源则需要向技术型虚拟电厂（TVPP）提交发电计划、运行成本等参数信息以供完成后续调整。

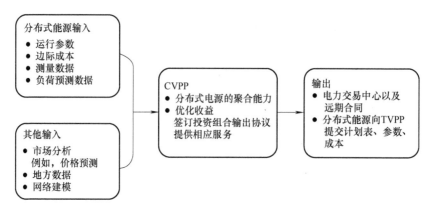

图 6-3　CVPP 的控制方案

6.1.2　技术型虚拟电厂

如图 6-4 所示，分布式能源投资组合方案的实时运行信息通过在该地区运行的各种商业型虚拟电厂（CVPP）传递给技术型虚拟电厂（TVPP）后，TVPP 会将这些信息与本地的网络信息（如拓扑、配网约束、网络实时状态等）结合起来，从而最终建立描述与上级输电网连接的本地配电网区域内各分布式能源运行特性的配置文件。这一文件可以用来为 DSO 和 TSO 提供一系列的系统运行服务，如实时平衡，频率和电压支持，电网阻塞管理等。通过这种方式，TVPP 就可以从本地配电网区域内的各类分布式能源聚合后的灵活运行中获益，为输电网中的其他电源提供辅助服务。

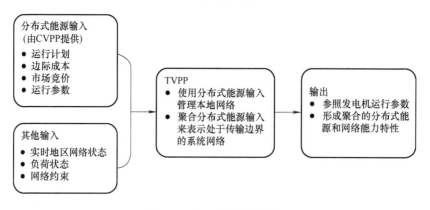

图 6-4　TVPP 的控制方案

6.2 分布式资源调度交易优化

6.2.1 虚拟电厂调度运行中的各类预测

第二代虚拟电厂的采购过程包括从客户处购买需求响应服务（负荷和分布式发电控制）与参与电力市场上的销售和购买活动，它们共同构成了虚拟电厂的核心交易部分，虚拟电厂的大部分操作决策本质上都是处理上游（电力市场）或下游（客户）的交易优化问题。而在其操作决策的流程中，各类预测信息是虚拟电厂进行优化控制的关键。下面从负荷预测、波动出力预测、价格预测、灵活性预测几个方面做相关介绍。

1. 负荷预测

虚拟电厂的工作中需要预测自己客户的用电量或其在电力市场中的消费。前者可能需要提供某些服务或预测聚合器自己的电力平衡；后者需要预测现货市场电价（取决于预测方法）。消费可以在不同的时间范围内预测，对于虚拟电厂的操作决策来说，最相关的是短期负荷预测，它考虑时间范围一般不超过一周。一般来说，这种类型的负荷预测除了用于积极的需求侧响应资源的聚合外，还可用于其他电力部门的运行需求，短期负荷预测对电力系统的安全和经济运行具有重要意义，这种类型的负荷预测往往可以采用多种数学方法，如线性回归模型、时间序列模型和人工神经网络等算法，近年来，人工神经网络作为机器学习的工具，在负荷预测中得到了更多的应用，基于这种方法的商业工具平台也得到了更多应用。这主要是由于在这种方法中，用户无需指定预测负载与其他变量之间的关系，尽管需要大量的历史输入输出数据，并且数据应具有良好的质量以涵盖希望预测的各种情况。

2. 波动出力预测

波动出力预测有时也称为间歇出力预测，主要用于描述输出随时间变化的波动具有一定不确定性的情况，例如风力发电、太阳能、河流小型水轮机和小规模燃气轮机等分布式能源的出力。聚合商往往需要对这些波动变量进行出力预测才能对其内部分布式能源资源的不平衡状况进行分析，以对其手上的各类双边合同的执行情况进行预测评估。

波动出力预测往往基于数值天气预测作为输入在非线性统计模型中进行数据建模，例如，人工神经网络或时间序列模型。因此，聚合商必须与服务提供商签订提供这些数据的合同，预测精度也高度取决于当地天气的变异性。例如，典型的24h风电预测平均绝对误差在装机功率的5%~15%范围内，取决于当地气候和发电机组合的地理分布。

3. 价格预测

上述几种方法，如时间序列技术和多元回归，也可用于电力批发市场短期价格预测。目前有报道认为人工神经网络更适合于电价预测。例如，好处是用户不必为例如天气和现货价格的关系指定数学形式。这种方法的输入可以包括过去的现货价格、电力需求、温度、云量和风速以及数值天气预报系统的温度、云量和风速。

4. 灵活性预测

虚拟电厂通常需要预测客户对控制信号的响应函数，即客户的负荷削减或爬升的实时函数。客户的实际负荷对聚合商的不平衡位置和收入有影响，虽然在某些类型的合同中，客户可能承诺提供一定程度的负荷减少，但客户必须为可能的偏差支付的罚款通常不同于聚合商因不平衡而面临的惩罚。客户场所处安装的能源箱很好地提供响应预测，它可以访问室内和室外温度测量，并可能有关于消费者的信息，例如客户是否在家。根据聚合商的最优调度算法，可以预测短期的负荷减少曲线，或者可能的概率分布。天气状况和客户不可预测的行为是响应函数中不确定性的来源。对于单个客户来说，分配几乎从来不需要，但对于分布网络的一个负载区域（特别是当向 DSO 提供服务时）或整个客户组合中的客户来说却不得不考虑，因此，负荷响应预测的时间分辨率应至少等于平衡调度中的时间分辨率。

6.2.2 分布式资源调度交易的优化

分布式资源调度优化产生最终用于控制分布式能源的信号，如价格和功率控制信号。换句话说，聚合商必须通过其调度优化决定如何活跃客户的组合，以最大化其利润，并为客户创造收益。这往往是一项较复杂的数学优化问题，通常，优化模型必须适应每个电力市场的规则，在实践中，优化是在相关的优化软件工具内运行的，该工具包有与输入数据通道的必要接口，以输出结果。结果包括下游客户的优化结果，如对消费者的负载控制请求，以及上游电力市场的优化结果，如在现货市场或通过聚合商的双边合同出售负荷削减。

为了使该调度优化系统在实际应用中具有足够的实用价值，一般需要对其提出一些要求。首先，它应该能够同时考虑各类有组织市场交易和双边合同及其可能的冲突和协同。例如，在北欧国家的现货市场上使用批量交易，而在英国的现货市场交易则进行连续交易，前者每小时只能有一个现货价格，而后者的价格在交易期间是实时变动的。同样，它应该能够考虑不同类型的客户合同，理想情况下，它应该能够利用市场价格的概率预测提供合理的报价。该系统应该能够提前几天查看结果，这是因为未来的价格和负荷预测可能会通过合同约束对当前的决策产生影响。一般来说，系统应始终考虑所有决定对未来结果的影响。此外，优化调度和提供过程的时间消耗必须相对较低。例如，在德国，平衡结算的分隔是 15min，因此应该可以每 15min 计算一组新的控制订单。理想情况下，聚合商应该能够根据他的需要调整系统的时间精度。最后，该系统应该可以在离线模式下运行，使用历史价格、模拟价格预测和其他变量来完成工作，这种模式对于评估替代方案是必要的，如改变客户组合或合同的效果、不同的优化参数、更好的预测等。当然，通常情况下，系统是在联机模式下运行的，这意味着它必须具有输入和输出数据所需的数据通道以收发实时数据与优化结果。

6.3　虚拟电厂调度控制的三个层次

6.3.1　用户组合错峰效应——聚合机理

虚拟电厂是对分布式电源、柔性负荷、储能等多种分布式能源的有效聚合。

在具体展现形式上，虚拟电厂具有多种组合，目前常见的虚拟电厂类型包括分布式风电＋储能、分布式风电＋电动汽车、楼宇＋储能等。通过对具有不同负荷特征的用户主体进行组合，利用各自负荷在日负荷率、日峰谷差率、日最大利用时间等特征值上的错峰互补效应，通过引入人工智能技术对负荷曲线进行聚类，可以在一定程度上形成平抑虚拟电厂内部分布式能源主体的自身波动[1]。

在终端设备数据获取、存储的基础上，实现用户组合错峰效应包括 2 个关键步骤：一是要结合终端数据对不同类型柔性负荷的特征进行分析，采用统计学和计量经济学方法，识别其曲线特征，通过将曲线特征替代负荷曲线值，达到负荷曲线降维的目标，为开展进一步分析奠定基础；二是要构建适用于海量多源异构数据的聚类分析算法，通过将曲线特征指标进行聚类分析，在一定的聚类规则约束下，即可得到同类别的负荷曲线簇，进而通过分析其负荷特征值的相对性，得到具有错峰效应的用户组合集。至此，该用户组合集已经初步具备平抑波动的功能。

6.3.2 基于用户弹性的差异化合约——激励机理

在用户组合错峰效应的基础之上，需要引入经济手段对用户行为进行影响，其最终展现形式为虚拟电厂运营商与不同用户签订的差异化合约。由经济学中的边际效应理论可知，只有当边际成本等于边际效用时，可实现资源最优配置。因此，差异化合约的签订需要依据不同类型用户的价格弹性，最大化经济杠杆效应。实现差异化合约制定的基础是用户用电行为的识别，同时对用户行为通过多维数据进行客户画像，建立用户行为标签库。其关键点在于用户行为及其弹性具有隐匿性，很难直接通过数据分析得出，这要求虚拟电厂运营商基于实验经济学理论方法，构建用户行为识别及引导实验框架，通过改变差异化合约关键参数，从实际运营活动中获取数据，以此为基础进行用户弹性分析，进而指导差异化合约制定。

6.3.3 利用储能联合优化运营——运营机理

由于用户自身负荷特性及其可调节性方面的限制，单独的虚拟电厂运营主体在电力直接交易及辅助服务市场中难免存在偏差。为应对偏差风险，有必要通过虚拟电厂与储能联合运营，进一步提升系统灵活性。实现联合运营的关键在于构建多主体之间的利益分配机制。对于虚拟电厂运营商而言，通过与其他运营商或储能设备签订合作协议，形成虚拟电厂运营联盟，将进一步优化自身调控能力。由调控能力上升带来的效益增加或成本降低部分，可在各主体之间进行合理分配。在这一过程中，除虚拟电厂运营主体外，其余主体承担备用及风险共担责任，同时获得相应的备用收益与风险承担补偿[2-5]。

参 考 文 献

［1］王宣元，刘敦楠，刘蓁，等. 泛在电力物联网下虚拟电厂运营机制及关键技术［J］. 电网技术，2019，43（9）：3175-3183.

［2］夏榆杭，刘俊勇. 基于分布式发电的虚拟发电厂研究综述［J］. 电力自动化设备，2016，36（4）：100-106.

［3］田立亭，程林，郭剑波，等. 虚拟电厂对分布式能源的管理和互动机制研究综述［J］. 电网技术，2020，44（6）：2097-2108.

［4］FENIX. Flexible electricity network to integrate expected "energy solution" ［EB/OL］.［2012-06-03］. http://www.fenix-project.org/.

［5］Ausubel L M，Cramton P. Virtual power plant auctions ［J］. Utilities Policy，2010，18（4）：201-208.

第7章

国内外第二代虚拟电厂典型案例分析

7.1 国内第二代虚拟电厂试点情况

7.1.1 冀北泛（FUN）电平台虚拟电厂

1. 项目背景与基本介绍

（1）项目背景

冀北区域地处环京津都市圈和环渤海经济圈，是"一带一路"中蒙俄经济走廊的重要节点，包括河北省唐山、张家口、秦皇岛、承德和廊坊五市。作为中国千万千瓦级风电基地之一，冀北拥有丰富的风力资源，且主要集中在张家口和承德地区。近年来，冀北风电发展势头强劲，装机容量年均增长率高达7.5%，截至2019年底，冀北电网统调装机容量为3268.78万kW，其中清洁能源装机占59.64%。另外，冀北区域的分布式电源也在快速发展，截至2019年底，冀北区域分布式电源累计并网用户为5.09万户，并网容量为202.07万kW，2019年累计发电29.11亿kWh，上网电量为21.18亿kWh。为了促进风电资源的消纳与分布式电源并网规模的增长，冀北电力公司在冀北地区尚未出台电力需求响应补贴政策的情况下，创新开展虚拟电厂技术试点，以综合能源服务公司作为负荷聚合商，积极开展用户侧可调负荷资源的挖掘利用，取得了积极成效。

冀北公司虚拟电厂示范项目是顺应时代潮流的试点工程，研究和实践主要是满足以下两个方面的时代需求。

1) 能源结构和电力系统向更加清洁化发展，能源消耗面临转型。冀北地区清洁能源装机容量处于领先地位，截至 2019 年度冀北电网新能源装机规模达 2014 万 kW，新能源消纳成为电力系统结构改革的重中之重，使虚拟电厂的开发建设具有巨大潜力。可再生能源的发电特点具有不稳定性。例如风力发电，大风天气中，处于风机大发的时间段，电力供给是富裕的；在风少的时间段，电力供给处于紧缺状态，为火电机组调峰带来巨大的压力。同时，风等可再生能源变化很快，电力系统需要跟随它们的变化进行补充调节，火力机组爬坡率面临挑战，并使得发电经济性变差。新能源时代里电力系统的灵活调节能力是很关键的。只有提升了电力系统的灵活性和调节能力，才能接纳更多的可再生能源，更好地支撑绿色发展战略，因此虚拟电厂的背后蕴含着巨大的社会效益和经济效益。

2) 用户侧的需求发生了转变。大数据、人工智能、物联网、5G 等信息通信和数字技术的发展，为能源行业的智能化、数字化带来可能，提高用户侧对能源行业的参与度是整个社会的普遍需求。传统用户侧只是能源消费者，而随着泛在电力物联网的落成，用户可以和电力系统中的电源、电网、其他用户互动起来，成为能源的生产者，信息流、能量流从单向逐渐向双向发展。挖掘用户侧的资源互动潜力，共同解决实现绿色发展战略中面临的系统灵活调节能力不足等问题，最经济高效地用好风、光等清洁能源，是虚拟电厂研究实践时最原始的出发点[1]。

（2）基本介绍

泛（FUN）电平台，是指基于泛在电力物联网（Ubiquitous Electric Internet of Things，UEIOT）建设的电力系统平台，该平台围绕电力系统的各个环节，充分应用移动互联、人工智能等现代信息技术、先进通信技术，实现电力系统各环节万物互联、人机交互，致力于建设具有状态全面感知、信息高效处理、应用便捷灵活特征的智慧服务系统。

冀北泛在电力物联网虚拟电厂示范工程的投运启动，打造了"三型两网"的雏形。传统电网向能源互联网转型，在技术体系、资源重组、市场运营等方面，实现了"秒级感传算用""亿级用户能力""多级共享生态"的三级跨越，在能源互联网的建设历程中具有里程碑式的作用。"秒级感传算用"是指实现了泛在可调资源秒级智能终端感知、4G/5G 无限公网快速传输、海量数据信息平台智能计算、电力系统实时柔性交互应用。"亿级用户能力"是指具备了接入上亿个泛在可调用户资源的能力，并将资源智慧聚合成能够与电力系统良性互动的"互联网"电厂。"多级共享生态"是指打造了面向能源经济上下游产业链、多类能源品种的市场化交易机制和可持续商业模式，营造活跃、便捷、共享的生态圈。

泛（FUN）电平台建设过程中强调技术性、经济性、社会性，包含下列三层涵义。**一是"泛"电，技术性，泛电互联，打造能源互联网枢纽**。平台突破地域限制，实现了对用户用能行为的秒级实时感知和智慧聚合优化，实时柔性响应电力系统运行指令，应对开放式接入风险建立了信息安全保障体系。同时瞄准供热季电网调峰矛盾等业务痛点，通过虚拟电厂聚合泛在可调资源实时响应低谷调峰需求，增加用户受益，减少建设投资。全国首创建立虚拟电厂参与调峰付诸服务市场机制，尤其在供热季调峰矛盾凸显时，可快速调节低谷负荷，促进新能源消纳。**二是"贩"电，经济性，贩电共赢，建立能源互联网平台**。在平台建设过程中，我们更多强调的是对外呈现的功能和效果，不断创新运营理念，通过市场化机制，培育以平台为核心的共享式能源互联网商业生态圈，积极创造更多的社会经济效益。依托平台优化调整传统业务流程，主动突破"自身封闭"，实现电网内外部信息深度交互，打造开放共享的新业态。以客户为中心，鼓励发电商、综合能源商、售电商、业务运营商等相关企业参与价值创造，带动智慧能源上下游产业链共同发展，编制四套合同协议范本，在保障市场运营规范的基础上，激发市场各方活力，实现了新兴业务共享拓展。**三是"FUN"电，社会性，FUN 电共享，培育能源互联网生态**。"FUN"是轻松快乐，在这里是指该平台可帮助用户管理和运营能源资产，为社会主体提供一种轻松、快乐的用能模式。充分发挥电网在电能传输利用中的枢纽作用和在资源配置服务中的平台功能，构建了基于泛在电力物联网的绿色能源生态价值体系，辐射绿色供热、绿色供冷、绿色交通、绿色智能家居等社会生活的方方面面[1]。我们在平台建设中，融合大云物移技术，充分挖掘绿色电源的源端特性和用户侧的负荷特性，让用电、能耗、能效数据信息覆盖各家各户，为用户提供自主选择使用清洁能源的渠道，引导人们走向更加绿色健康的生活方式，畅想绿色美好的生活。

2. 项目核心内容

（1）项目构成

冀北地区虚拟电厂示范工程是我国首个落成的市场型虚拟电厂，符合第二代虚拟电厂建设的设计理念和技术要求，目前项目主体包括两部分：一是连接起生态系统中的用户、运营商和电力系统，并创造社会效益和经济效益的泛（FUN）电平台；二是泛（FUN）电平台的首个核心产品——虚拟电厂。

目前该项目运行状况良好，具有以下三大鲜明特色。一是投入小、收获大，百万投入打造了亿级平台；二是时间短、效率高，仅用三个月时间完成了一年的任务；三是中国造、国际化，全部由中国制造，其中核心技术引领了国际标准[2]。

冀北电网虚拟电厂作为泛电平台的首个核心项目，整合了冀北地区电源侧和用户侧的特点，并不是传统意义上的电厂，是用泛在电力物联网技术和智能控制技术，将泛在可调资源连接起来，发挥聚沙成塔的规模效应，成为了可与电网柔性互动的"互联网"电厂。冀北公司基于泛（FUN）电平台的虚拟电厂示范工程是把多类型、多能流、多主体资源以电为中心相聚合，促进能源流、业务流、数据流"三流合一"，推动"源-网-荷-储"互动能力的提高，促进电网转型升级，培育新兴业务，为新兴市场主体营造活跃、便捷、共享的生态圈。在与电力系统的交互互动方面，虚拟电厂发挥生产运行以及电力市场的技术和经济特性，面向用户和运营商提供智慧能源服务，致力于提高整个能源行业的社会效益和经济效益。

（2）项目建设的关键架构

此项工程示范的关键是通过开展业态创新，提高分布式新能源友好并网水平和电网可调控容量占比，优化跨区域送受端协调控制，促进清洁能源消纳和绿色能源转型。

该虚拟电厂示范工程可以用三大关键词来描述，分别为**"一个平台""两张网络""多方应用"**。其中，"一个平台"是指虚拟电厂智能管控平台，可实现设备数据和互动信息的计算、存储，集成能源运行管理、交易、服务功能，整合优化各类分布式资源与电力交易平台、调度系统对接。"两张网络"包括以智能配电网为核心的多能流网络与基于 eLTE/4G/5G 网络和边缘计算的泛在电力物联网络，进一步打通能源流和数据流，促进综合能效提升，降低能源成本，提升电力系统运行的经济性和安全性，支撑综合能源服务发展。"多方应用"是指打造"技术型"与"商业型"相结合的运营服务模式，构建虚拟电厂相关的技术标准与服务标准体系和商业模式，面向多市场主体提供基于虚拟电厂的接入、优化、控制、交易等技术与共享服务。

泛电平台下的虚拟电厂是"互联网＋"智慧能源环境下，采用以用户为中心，以商业化市场为平台的泛在可调资源聚合管理模式。形象的描述，可以将泛电平台看成阿里巴巴之类的电商平台，而一个虚拟电厂就好比是电商平台中的一个店铺。基于泛在电力物联网的虚拟电厂示范工程成功，是虚拟电厂发展过程中的一个重要里程碑，开启了源网荷互动的新模式、新业态，推动主力能源转型趋势，赋能电网消纳新能源的能力，加快以需求侧开发的电力市场建设，提升发输配资产利用率，推动能源高质量发展，是泛在电力物联网价值创造的典范。

（3）用户侧用电方式的改变

从用户侧来看，泛电平台上的用户可选择参与加入虚拟电厂，通过业务运营商进行聚合、优化，并进行交易申报。在电力市场完成交易出清后，发布统一的调度计划，通过虚拟电厂再次优化计算，整合系统空闲的剩余资源，在市场型虚拟电厂架构中，控制机构向用户分解下发每个泛在可调节资源的指令，用户侧根据自身实际情况以及已签署协议参与资源聚合和需求侧响应，完成虚拟电厂运营的全业务流程。因此，对于消费者而言，虚拟电厂所带来的影响是多方面的。

首先，虚拟电厂让消费者的身份发生了转变，从单纯的消费者变为既是消费者也是生产者。当用户在减少用电的时候，其实就是在增加整体的能源供给。从这个角度上来说，用户既是生产者也是消费者，成为通常所说的产消结合者。

其次，用户的参与度进一步提高，用户和电力系统进行实时交互，不仅与调度运行直接产生关联，还和电力系统的实时平衡相关，用户作为参与者为电力系统的安全稳定运行提供调节能力。

最后，用户能获得相应的价值体现，用户可作为泛在电力可调节资源，通过参与电力系统实时的辅助调峰获得直接的经济价值。对老百姓来说，日常生活中的空调调低几度可能就会赚钱，同时对日常生活影响不大。对工商业而言，用能策略的影响更大，可以多在波谷时间段用电和储能，也可以采用自有储能设备在波峰时间段供电，甚至售电。

3. 冀北虚拟电厂的聚合过程

泛电平台是基于泛在电力物联网的系统级平台，泛在电力物联网是指传统电网与物联网技术深度融合产生的一种电力网络形态，最大的特征是不同设备之间处于互联互通的状态，使得电能生产端、使用侧、电力交易市场以及传输配送网络能够有价值地结合在一起[3]。

冀北电网虚拟电厂智能管控平台是用泛在电力物联网技术和智能控制技术，将泛在可调资源连接起来，发挥聚沙成塔的规模效应，把多类型、多能流、多主体资源以电为中心相聚合，促进能源流、业务流、数据流"三流合一"，推动"源-网-荷-储"互动能力的提高，营造活跃、便捷、共享的生态圈。

实际运行过程中，虚拟电厂智能管控平台是整个系统能源流、业务流、数据流相互交流的纽带，一方面和电网调度中心、电力市场交易中心等管理机构联系，另一方面和分布式能源、储能设备、需求侧响应等聚合主体通过交互进行管理优化。示范工程一期中，冀北虚拟电厂聚合主体含有光伏电站、分布式光伏、热泵、蓄热式电采暖、电动汽车充电站、移动储能车、大工业负荷、制雪、商业、空调等电力资源。

与此同时，第二代市场型虚拟电厂从技术实现角度看也具有明显的改变，与大数据、云计算、物联网、移动互联、人工智能、区块链、边缘计算等信息技术和智能技术联系紧密。基于泛在电力物联网技术的虚拟电厂中，目前较多使用的是基于边缘计算的虚拟电厂模型，其融合了边缘-云计算架构、区块链技术、大数据分析等技术架构，以下对此类模型做部分概述。

了解边缘计算模型的运行架构之前，我们需要首先明确几个概念。边缘-云计算技术中，"边"是一种分布式智能代理，安装位置靠近物或数据源头，即处于网络边缘，旨在更快地就地或就近提供智能决策和服务。"云"是云化的主站平台，云主站通过有线或无线的通信方式实现对边缘侧计算、存储、网络资源的统一调度和弹性分配。

泛在电力物联网框架下的虚拟电厂聚合模型，相比过去具有如下两大改变：一方面通过云主站对虚拟电厂内参与需求响应的负荷进行选择；另一方面虚拟电厂收集负荷信息数据和外部环境数据，通过边缘计算感知用户用电行为。边缘计算技术带来的改变是虚拟电厂在制定投标策略时能够更加精准，位于边端的智能单元利用其传感技术实现对配电设备状态监测、采集、感知，通过边缘计算实现负荷预测、用户数据分析、无功补偿计算等功能，并上传至泛在电力物联网云平台。

泛（FUN）电平台下的虚拟电厂，拥有了一个"智慧能源大脑"——虚拟电厂智能管控平台，在管、联、聚、用四大方面具有优势。管起来，可以轻松实现对千万级能源终端的管理优化；联起来，可以打通能源节点的屏障，达到节点互联；聚起来，使得电力大数据流通和聚合，充分发挥数据效能；用起来，可以实现智能用电，源-输-配-荷精确协同。

4. 冀北虚拟电厂的交易过程

泛（FUN）电平台虚拟电厂和传统电厂市场角色相似，可以同时参加电力交易中中长期市场和实时市场中的电能量交易、辅助服务交易，也可以参与绿证以及碳市场交易，正在逐步成为整个电力市场中不可获取的重要组成部分。

虚拟电厂参与电力市场的流程可以分为六大阶段，分别为虚拟电厂聚合、市场报价、市场出清、市场指令下达、虚拟电厂跟随、市场结算。在电力市场中，虚拟电厂代表聚合代理的分布式能源统一参与市场竞标，在电力交易中心和传统售电方以及其余虚拟电厂报价竞争，最后根据电力交易出清结果对自身聚合资源做出内部调整指令。虚拟电厂内部资源聚合优化的过程是参与电力市场流程的重要组成部分，内部聚合资源根据市场指令，通过特定的控制优化手段满足电力系统的约束和需求，虚拟电厂先整体参与市场结算再对内部聚合主体依次结算。

未来，冀北泛电平台虚拟电厂的一大发展前景是基于能源区块链网络（Energy Blockchain Network，EBN）建立虚拟电厂的运行与调度平台。区块链是由区块有序链接形成的一种数据结构，每个区块由记录信息的区块主体和用于链接的区块头组成。这项技术具备四大特点：去中心化、透明化、智能合约、安全可靠。一方面，去中心化和透明化的特点与虚拟电厂在地域上的分散性和调度过程中的协调控制有相似性；另一方面，安全可靠保证了虚拟电厂参与电力市场交易时的公平性和信息安全[4]。

实际运行中，首先区块链技术可以在极短时间内构建一个成本低廉、公开透明的电力交易平台，并且从技术上保证了平台的可行度。然后在交易指令下发后，各电厂和虚拟电厂将可发电量及价格上传至区块链，信息基于区块链技术在各竞标者之间传递，统一协调管控方式的消失大大加快了调度速度。除此之外，每个虚拟电厂内部同样可以使用区块链技术，给虚拟电厂和各分布式单元进行双向选择带来可行性。总而言之，区块链技术的应用有利于更好地实时反映需求侧信息，方便实现虚拟电厂环境友好、信息透明的稳定调度，进一步增加电力交易市场化程度。

5. 泛电平台的数据支撑技术

泛在电力物联网下，整个电力系统走向信息化、智能化，在电网状态智能监视、负荷预测、可再生能源出力预测、用户行为分析、电力调度等过程中，大数据分析技术的应用是不可或缺的，并且直观影响系统运行的经济性和稳定性。

按照电力企业的业务领域，电力大数据类型主要可以分为：电网运行和设备检测或监测数据、电力企业营销数据（如交易电价电量）、电力企业管理数据和外部数据四大类。泛在电力物联网中，建设一个电力数据中心是必要的，汇聚监测系统数据、交易信息、计算集群等，通过一系列优化控制算法处理满足虚拟电厂的运行需求。在虚拟电厂运行过程中，大数据技术可用于对各分布式能源出力和用户用电进行更为精确的预测，同时虚拟电厂聚合的储能系统、电动汽车充放电管理等也离不开数据结果的支持。其次，虚拟电厂内部的各种信息分析能有效提高虚拟电厂内部各单元数据交换与处理的速度与精度。

6. 泛电平台的示范效益与前景

根据冀北电网公司公开数据，目前虚拟电厂示范工程一期已经实现了实时接入并协调控制蓄热式电采暖、可调节工商业、智能楼宇、分布式光伏等 11 类 19 家泛在可调资源，容量约为 16 万 kW，主要涵盖张家口、秦皇岛、廊坊三个地市。预计到 2021 年，冀北电网夏季空调负荷可达 600 万 kW，如果在波峰时段 10% 的空调负荷通过虚拟电厂做出需求侧响应，背后巨大的经济效益和社会效益可想而知。"煤改电"最大负荷将达 200 万 kW，蓄热式电采暖负荷通过虚拟电厂进行实时响应，预计可增发清洁能源 7.2 亿 kWh，减排 63.65 万吨二氧化碳。

根据冀北电网公司报告显示，有关部门将继续挖掘泛在电力物联网赋予虚拟电厂的价值和功能。例如，开发每一个用户动态模型和边缘物联设备，实现用户感知的智能化；在虚拟电厂的云端辨识每一个资源所创造的价值，实现市场红利的公平分配；开发参与现货市场优化决策的边缘计算，实现用户侧报价的智能化。总之，泛（FUN）电平台虚拟电厂将聚焦 VPP 聚沙成塔的价值增值，充分发挥电力系统的社会效益和经济效益。

7.1.2　山东和一些南方省份的最新进展

根据最新报道，近期山东电力交易中心组织召开山东虚拟电厂运营试点项目建设推进会，要求协同推进试点项目建设，确保虚拟电厂运营示范项目取得实效，在 2020 年底前实现虚拟电厂正式参与电力交易。

国网山东省电力公司副总经理董京营表示，虚拟电厂运营试点项目是国家电网公司今年商务拓展项目的重点建设任务及国家"双创基地"示范项目，建设时间紧迫，任务艰巨繁杂。要创新思考、明确目标，做好市场机制的规划设计。做到结合山东电网实际和电力现货市场推进情况，立足本省，创新思考，不断丰富虚拟电厂交易品种，完善交易机制，为构建虚拟电厂参与的全市场体系交易机制和商业模式打好基础。

根据山东电力交易中心介绍，该试点项目的目标是开展三个品种交易、完成两个机制衔接、建设一个运营平台。即开展虚拟电厂参与的现货能量市场、备用容量市场和辅助服务市场的交易，构建主动调节、被动响应的市场模式。完成虚拟电厂报价报量参与日前现货的机制衔接，抑制市场价格波动；完成与山东需求侧管理办法的机制衔接，实现需求响应补偿费用由政策补贴向市场化转变。建设资源准入、聚合调节、代理交易、分摊结算的虚拟电厂运营技术支撑。

而在 2019 年 12 月，安徽省首个虚拟电厂试点区也得到启动，首期试点区域包括合肥长丰县陶楼镇和滨湖新区，其中陶楼镇为安徽省首个虚拟电厂试点区域。这座虚拟电厂，综合利用充电桩、储能电池、柔性负荷等多种可调节资源，对分布式能源进行精准"秒级"智能控制，解决并网中存在的诸多难题，保障新能源 100% 全额消纳，还可以将电动汽车、工厂生产线、城市综合体等能源纳入可控范围，作为用电高峰期间备用，增加电力调度灵活性，大幅提升供电可靠性。与此同时，参与调节的用户同时将赚取一定的"备用费"，进一步降低生产成本。

2020 年 1 月初，合肥地区首期虚拟电厂装机容量达到 51.59MW。按照计划，2020 年合肥城区所有公交车将全部更换为新能源车辆，100% 参与虚拟电厂项目，最大可调容量将增加至 88.91MW。合肥年内将推进国内首个 5G 电动汽车有序充电站试点建设，并纳入虚拟电厂管理范畴。合肥供电公司计划在滨湖示范区再选择 10 座开闭所升级为集数据中心、5G 基站乃至光伏、充电、储能等作用在内的"多站融合"项目，建立滨湖智慧能源综合服务示范区，建成覆盖 51 平方千米的无线专网，全面打造低成本、高效率、多种类、新技术的能源服务综合体。随着该项目的不断深入建设推广，三年内合肥区域虚拟电厂总容量占比预计将达到夏季降温负荷400万kW的20%，相当于少建设一座80万kW的传统电厂，为社会节约大量的建设投资成本。

此外，在近日国家发展改革委发布的《海南能源综合改革方案》中也指出，要支持用户侧储能、虚拟电厂等资源参与市场化交易，享有与一般发电企业同等收益权。虚拟电厂未来在海南的能源综合改革中也将发挥其独有的价值。

7.2 芬兰的聚合商案例 ◀◀

芬兰地处北欧，在能源资源自然禀赋上较为匮乏，无煤无油也没有天然气，70%的能源供给依靠进口，其中芬兰电网与俄罗斯电力系统具有很强的电气联系，它们之间直接或通过爱沙尼亚电网实现互联，芬兰的电力也主要从俄罗斯和北欧几个国家进口。而另一方面，芬兰又是一个高度工业化的国家，有很多能源密集型产业，对电和热的可靠供应依赖性很高。在这样的能源供需背景下，芬兰对其能源使用开展了全方位集约化经营，取得了令世界瞩目的节能提效的成果。芬兰电力市场是在1998年开始逐渐实现开放竞争的，小用户在市场中可以自由选择从哪一家电力公司购买电力，到2014年，芬兰80%的电力用户就已经实现了每小时计量和结算，为电力需求侧响应打下了基础，在芬兰开放的零售电力市场中，许多耗能企业逐步开始采用需求侧响应，增强了电力供应灵活性和系统备用能力。

下面将介绍芬兰聚合商案例，其虚拟电厂模式主要侧重于需求侧响应资源型。

需求侧响应定义为电力消费者根据来自电力系统或电力市场的信号改变其用电模式的能力。虽然需求响应没有指定消费者对信号的反应速度，但通常的假设是相对较短的反应时间（最多几天）。我们还使用负荷灵活性一词米指消费者能够在不到一天的时间内对信号做出反应的需求响应。当引用负荷被控制时的特定事件时，我们还使用了负荷分析或负荷重新配置，从而创建了需求响应[5]。

　　需求方的参与可以是自愿的，也可以是强制性的。后一种选择可能效率低下，因为它需要集中的决策和缓慢适应不断发展的技术的法律。这种集中决策很难考虑到每个消费者的具体情况。前一种选择可能要求启动新类型的业务，允许向电力消费者付款。而聚合商则可以有力地帮助电力消费者参与需求响应。

　　聚合商是一家充当电力终端用户之间的中介者的商业公司，它们是解除管制的电力系统参与者，其主要作用是将分布式能源带到市场上供其他参与者使用，另一方面为分布式能源提供市场准入，从而可以为电气系统和社会提供附加值。在这里，分布式能源包括需求响应、分布式发电和能源存储，尽管在芬兰的聚合商案例中，主要侧重需求响应。下面主要从聚合商的用途、分类、与客户的关系、与电力运营商之间的关系以及聚合商的运营交易过程几方面介绍芬兰的案例情况。

7.2.1　聚合商的用途

　　（1）收集客户需求弹性，并提供市场准入

　　不同的客户群体有大量潜在的需求反应，但到目前为止仍未得到完全开发。由于中小型电力消费者不受批发市场价格波动的影响，大多数零售利率只是定期变化的，这样的价格在激励客户响应系统需求方面并不能发挥很大作用。因此，聚合商的工作就是聚合需求响应资源并作为其代表参与电力批发市场。这就要求聚合商首先研究客户潜在的需求响应获利空间并积极推动客户的需求响应服务，一般还需要在客户的场所安装控制和通信设备，必要时还要为客户提供财务激励，以提供需求响应。

　　具体来说，聚合商必须首先开发出针对不同类型用户的终端，评估其作为需求响应提供者的潜力，例如不同设备可以提供的需求响应的大小和成本，以及时间跨度、存储特性和响应约束等其他信息。此外，聚合商还必须研究参与需求响应的控制操作给客户带来了多大的不便，以及客户需要什么样的补偿。

此外，并不是所有的客户都能以成本效益的方式提供需求响应，一些用户可提供的灵活性规模可能太小，而投资规模和业务费用却无法相应减少，这些用户通常可以在一天或一年的时间跨度下提供其灵活性响应。

由于客户自己往往很难评估需求响应为其提供的盈利能力，如果客户是一家小型工业公司、办公室或家庭，聚合商必须以易于理解的方式向用户宣传需求响应，特别是当需求响应的提供仍然是一项新业务时。当然，在评估过程中，聚合商必须根据客户拥有什么样的设备信息以及它们的使用模式来进行；在需求响应的控制过程中，信号必须以自动的方式接收、设备控制和测量，聚合商负责安装适当的控制和通信设备，智能仪表及其通信和负荷控制功能可以在此功能中加以利用。然而，聚合商的角色远比为安装终端设备者更复杂，用户必须从那些要求需求侧响应服务的系统侧得到适当的控制信号，而聚合商的实际角色是在需求响应的提供者和需求响应的购买者之间提供一个链接。要知道，如果用户单独提供需求响应，那么他应该与需求响应服务的买家有直接的关系，而在没有聚合商这一中介的聚合作用下，对用户侧单一实施管理的成本很可能不符合需求响应服务的买家的利益。

最后，聚合商还能为用户提供参与需求响应的财务激励，用户可以通过提供灵活性能源的付款或聚合商利润的百分比来获得回报。聚合商通过监测用户参与需求响应的情况给予响应激励。

（2）收集市场的需求响应并最优化其所能提供的需求响应

聚合商可以积极地向其他电力系统参与者提供分布式能源接入服务，既可以通过签订双边合同这类一对一的方式，也可以通过参与有组织的市场提交报价。另外，聚合商需要不断地了解来自不同电力系统参与者的需求响应请求，这些需求侧响应服务的买家包括受监管的参与者［如 TSO（输电系统运营商）和 DSO（配电系统运营商）］，以及放松监管的参与者（如零售商、发电厂商及贸易商等）。如果与买方签订了双边合同，提供需求响应的请求可以直接发送给聚合商，当然聚合商也可以从有组织市场的出清结果中得到请求信息，例如电力现货市场。

聚合商也可能出于自己的需要参与需求响应，由于聚合商必须监测自己的电力平衡，即其购买和发电的能力与其零售和交易合同组合中出售和消耗的电量相匹配，不平衡偏差量通常需要支付不平衡费用，在某些情况下，聚合商可以进行需求响应，以减少不平衡电荷，从而为自己和用户创造附加价值。

聚合商不仅应该在事后对需求响应请求做出反应，还应该努力预测可能出现的需求响应请求，这些预测使其能进一步优化其控制策略，并获得更大的利益。而未加入聚合商的单个用户很难靠自己做出这样的预测，相关预测服务将是客户的额外负担。通过收集已发出和预测的各类需求响应请求，聚合商需要评估其签署的各类合同并确定其协同作用，然后通过计算得到响应这些请求的最优负荷控制方案，聚合商可以利用其规模经济效应来控制大量的客户，并获得复杂的优化软件来支持其控制决策的优化。

最后，聚合商还必须要确保其负荷控制不会给电网的稳定运行带来风险，可以通过咨询系统操作员（如所在区域的 DSO）来进行此验证，只需要将计划中的负荷控制时间表发送给相关的 DSO，当然，在这之前必须识别每个涉及客户连接的网络节点。然后，DSO 评估负荷控制操作是否会违反电网的运行安全约束及电能质量的要求，并将验证结果发送回聚合商。

7.2.2　聚合商的类型

（1）谁能成为聚合商

从商业模式的角度来看，一个重要的问题是，聚合商的身份是一个只专注于聚合活动的新公司，还是电力系统中的现有参与者（包括电力零售商和DSO）？这关系到聚合商与其用户之间是否已存在联系。我们知道，电力公司在电力市场自由化之前，利用如电力供热负荷控制等手段来限制电力需求的高峰，而 DSO 现在承担了以前公用事业公司的分配职能，并作为垄断企业运作，在目前的自由化制度中，DSO 并不能进行需求响应聚合，因为它们不能参与电力市场。此外，系统突发事件期间的负荷控制也可以由解除管制的聚合商参与者根据 DSO 的请求进行，因此，DSO 作为聚合器的作用将不会进一步讨论。

另外，零售商也可以充当聚合商，他们提供需求侧响应实时价格的方式实际上很类似于聚合商，尽管对于提供实时价格的零售商来说，那是为了限制其价格风险的一种方法而非为系统提供需求响应。然而，零售商也可以充分发挥聚合商的作用，并利用其现有的客户。我们将这种业务模型称为聚合-零售商模型，在这种情况下，如果对于客户的需求响应，聚合商与他的零售商相同，那么与平衡计算有关的某些问题就能得到很好的解决。由于与电力市场及需求侧用户存在现有联系，目前，零售商最有能力成为聚合商。

（2）按签约客户分类的聚合商

聚合商可以针对不同类型的用户进行专门管理，这主要是因为控制不同类型的负荷往往需要不同的技术。例如，一些手动操作的设备，如洗衣机等就不适合进行自动负荷控制，又如对于较大的负荷，使用更昂贵的控制和通信技术综合效益更高。此外，在对不同类型的客户进行营销时，必须采取不同的方法。例如，一般家庭用户不仅在经济思考的基础上做出决定，而且还关注环境价值，因此他们对能源问题的理解通常比小型商业和工业企业的房地产经理更少。聚合商必须了解不同客户对服务的期望和担忧，不同类型的客户在法律方面的考虑也侧重不同，这体现在合同中采用不同程度的协商。

聚合商的客户通常分为住户、商业客户、小型工业客户和大型工业客户。在芬兰，家庭包括有电暖气或没有电暖气的单户住房、梯田住房和公寓街区。后者可能有不同类型的可控电力负荷，如普通桑拿和汽车加热器的插头点。商业客户包括购物中心和超市、学校、办公楼、医院、旅馆、养老院等。中小企业也可以成为聚合商的目标客户，例如奶牛场、水处理厂、冷藏库等，但由于这些客户的负荷性质差异很大，对聚合商的运营管理提出了一定挑战。其中农业可以被称为一类特殊的客户，温室一直是电力的大消费板块之一。

除了具有不同特性的负荷外，聚合商还可以聚合分布式发电和储能资源。目前，唯一能够盈利的小规模储能形式是热储能装置，这些可以与热电联产（CHP）结合，以增加操作的灵活性。除分布式新能源外，各种设施的备用发电机也是分布式电源的潜在单元。在 CHP 的聚合中，优化用户的燃料使用还有一个额外的困难，不仅需要决定何时使用 CHP 单元，而且还要决定何时使用燃气燃烧器进行加热，此外，有时可以在冷凝发电模式使用 CHP 单元，即产生的热量不被存储而是散失到周围。因此，小型或微型 CHP 和其他一些类型的分布式电源的聚合往往不同于需求响应的聚合，它们可以提供连续的功率输出，从而使不同类型的合同能够用于销售服务。

（3）按提供的服务分类的聚合商

在可以提供的各类服务中，聚合商可以选择提供其中一个或多个服务。不同的服务需要聚合商具备不同的能力。作为其业务战略的一部分，一些聚合商可能基于其客户群、技术水平、成本考虑等专门提供某些服务或者试图通过提供尽可能多的服务来最大化其内部分布式能源聚合资源的潜在价值。

如果聚合商已经获取了接入电网的权限，那么其内部的分布式能源参与现货市场是很简单的，要降低聚合商的内部不平衡成本只需要进行提前预测即可。另一方面，参与平衡机制和提供辅助服务需要聚合商有更快的响应能力，要求与 TSO 签订合同，并有能力每天 24h 待命；而向 DSO 提供服务则需要特别注意用户在配网中电气连接所属的网络节点位置。

7.2.3　聚合商与客户之间的关系

聚合商的客户一般可以包括工商业、家庭等类型的电力终端消费者，尽管从聚合商的角度来看，它们更类似于需求响应服务的供应商，而聚合商的实际客户是需求响应的买家，如 TSO、DSO 和放松管制的市场参与者。但相较而言，与这些客户的关系对聚合商更为重要。这一点与大多数企业不同，在其余情况下，供应商可以相互竞争，但必须做出相当大的营销努力来吸引买家，而对于电力这一特殊的商品，只要其服务符合质量要求且足够便宜，聚合商就不必努力将其出售给 TSO 等买家。另外，聚合商对待客户的方法也必须更为谨慎，要知道加入一个需求响应计划给客户带来的收益往往比他的总电费少，而负荷控制（或其他分布式能源的控制）需要干扰客户的生产过程或生活舒适性，客户却必须将他的一些负荷管理决策权交给聚合商，因此一些客户可能认为这是一种剥夺财产的企图，故允许客户有最终的决策权是很重要的，即客户可以选择不响应聚合商的信号。

聚合商通过与客户签订合同使关系正式化，由于法律规定适用于不同个人和公司客户的规则不同，合同也需要根据客户类型的不同分别制订。在合同签订中的一个关键问题是发生供应商切换的情况，要知道客户选择零售商的权利是自由的电力市场的基本特征，而如果聚合商作为客户的零售商，那么聚合商应该在客户更换零售商时放弃客户，但其在客户场所安装的控制设备显然不应被简单拆卸，以免对聚合商造成大量损失，这一问题需要在合同中特殊说明。

下面我们将从控制权限和客户的报酬、客户和聚合商之间的信息交换、客户收益的结算三个方面介绍聚合商与客户的关系。

（1）控制权限和客户的报酬

聚合商通过将客户的能源资源出售给市场，将其所赚的部分收益返还给客户，设定的报酬一般需要足以使客户对参与的需求响应感兴趣，以利于合同的继续执行。当然，为避免一些客户认为他们获得的报酬太少，对报酬计算提出质疑，合同文件中需要对报酬的计算有简单清晰的表达，以便客户易于理解。

报酬的设置与客户参与需求响应的积极性之间往往有紧密的关系，一般有下面几种形式。首先可以向与聚合商签订合同并启用负荷控制的客户提供参与需求响应的可用性费用，如果客户不遵循聚合商的控制信号，该费用也可以通过罚款的手段来减少。与可用性费用相反的是对聚合商安装的控制和通信设备的租金支付，该租金也可以明确地基于需求响应的控制调用功率大小来浮动。此外，客户还可以通过从市场销售分布式能源中获得一定百分比的聚合商毛利来获取报酬。

一般有多种控制方法来影响客户的行为使其参与需求响应，对于中小型客户，这些方法可以分为基于价格的控制项和直接负荷控制两类。基于价格的控制是指客户由于支付的价格（电费）的变化而改变用电，换句话说，客户以指定的时间间隔从聚合商接收价格信息，价格的时间分辨率可以为几个小时或者不到一个小时。基于价格的需求响应可以采取多种形式，一种形式是实时定价（RTP），其中聚合商周期性地发送价格信息，最普遍的形式是带状实时定价，其中不同的功率区域是动态设置的，不同的价格适用于不同的区域，客户自己必须将价格信号转换为功率控制，既可以通过改变运行时间表来手动进行，也可以通过自动化进行，例如在建筑物管理系统中建立调度优化，而在直接负荷控制中，聚合商可以直接控制一个或多个设备在客户场所处的用电并可以自动进行，客户收到的不是价格信息而是功率削减信号，客户可以根据未消耗的电能来获取补偿，实现所要求的负荷削减，当然如果未按合同要求响应控制信号，也会受到相应的惩罚。

（2）客户和聚合商之间的信息交换

信息交换依赖于通信和自动化体系结构。聚合商可以与客户的自动化系统直接通信，例如建筑管理系统，或通过"智能电表"来通信。在前一种情况下，自动化系统可以由聚合商安装，并且可以包括可视化的"智能能源盒子"；而在后一种情况下，智能仪表和客户的自动化系统之间必须建立联系，由于智能电表的概念和实现仍然在发展中，使用智能电表作为通信方式控制负荷的有效性还需要验证。

除了由客户的自动化系统提供数据外，聚合商还可以直接或间接地通过DSO 基础设施，从 DSO 那里接收客户的电力消费数据。DSO 只需要从智能电表中读取这些数据并将其存储在数据库中，在芬兰，这一数据的时间分辨率为一个小时。

（3）客户收益的结算

对于客户收益的结算，应涉及在负荷控制发生的时间段之后发生的所有活动，其目的是明确各方的财务义务，这包括核实交付的服务和最终支付与负荷控制有关的费用，结算与客户报酬密切相关。

在实践中，聚合商可能会自己执行结算，并相应地向客户支付或收取费用。然而，聚合商的结算往往会受到不满意客户的质疑，因此，聚合商需要能够对结算的过程和最终结果进行清晰的表述，尽管在某些薪酬方案中，完全清晰的结算解释可能存在一定困难。

7.2.4　聚合商与其他电力系统参与者的关系

（1）与零售商的关系

前面已经提到，如果聚合商本身是零售商，并聚合其零售客户可以提供的分布式能源，即顾客的消费变化自动包含在零售商的消费余额中，在有组织的批发市场上进行这种减载交易是很简单的。

另一种可能性是，由于在电力市场上没有独立的地位，聚合商充当零售商的服务公司。在这种情况下，聚合商执行预测、调度优化和负荷控制等活动，但最终负荷控制的效果被归为各自零售商的消费平衡。然后，零售商可以根据聚合商的建议，出售有关平衡资源。因此，聚合商没有从活动中获得直接收益，而是通过与零售商签订服务合同来获得收益。

（2）与 DSO 的关系

DSO 可以充当需求响应服务的总买方，不同的 DSO 可以尝试通过使用需求响应和向聚合商发送关于提供相关服务的投标来满足其运行需要。尽管目前可控分布式能源的规模较小，对配电网的影响还不明显，但在未来的智能电网中将会是另一番情况。在激活分布式能源之前，聚合商应该咨询 DSO，以检查配电网是否能安全接入相应的分布式能源，我们将此过程称为 DSO 对分布式能源服务的验证，这是因为 DSO 必须在配电网中保证电能质量，例如所有馈线的电压分布，而接入需求响应、分布式电源或储能会影响馈线的有功功率和无功功率，因此可能导致过电压或欠电压。避免这种情况的一种实用的方法是通过分布式能源操作符来完成，即聚合商首先通过向 DSO 报告相关信息来验证计划的调度，具体应包括被控制的分布式能源的位置、计划的功率输出/消耗函数。对于前一信息，只要求聚合商准确提供客户的标识号，该标识号可以明确表示分布式能源单元物理连接到哪个网络节点；而对于后一信息的上报，首先，聚合商可能事先不知道哪些客户将被控制来提供需要快速反应的服务，例如 15min 或更短的时间，而 DSO 也可能没有足够的时间来验证服务，所以一个实用的解决方案是 DSO 在操作小时之前进行预计算，确定其网络的每个部分的最大负荷减少和增加的时域函数，然后聚合商使用能够与 DSO 系统通信的应用程序在这些限制范围内对负荷分析和分布式发电计划进行"预订"。

与聚合商相比，DSO 不会对单个客户进行预测。因此，他们很难确定特定客户的正常负荷水平，商业和小型工业客户的情况就是如此，而对于这些客户，聚合商可以提供更好的负荷模型，并获得对其消费行为的更好的理解，从而更灵活地分配需求响应的任务量。例如，DSO 可以估计在给定的小时内属于某个负荷区域聚合商的一组客户的参考负荷为 100kW，该负荷区域（配电网节点的集合）可削减的总负荷为 300kW。在这 300kW 中，DSO 将 30kW 分配给该聚合商，270kW 分配给其他聚合商，而如果该聚合商对参考负荷的估计是 70kW，那么实际上就不具备执行负荷削减的条件，其负荷削减份额就会交给其他聚合商来完成。

最后，在与 DSO 的关系方面，聚合商还可以使用 DSO 的通信基础设施在自己和客户之间中继消息，这既可以直接进行，也可以通过 DSO 的电子数据交换系统进行。目前在芬兰，由于与智能仪表通信没有共同的标准，每个 DSO 都指定了自己的系统，DSO 可以从客户的智能仪表中读取测量的消费数据，并将其发送到各自的平衡责任方（Balance Responsible Party，BRP）。目前，芬兰国家统计局按照立法的要求收集每小时的数据，并相应地设计了通信解决方案，聚合商可以访问这些数据并将其用于其客户的结算中。

（3）与 TSO 的关系

TSO 也可以作为需求响应服务的总买方。换句话说，TSO 也可以尝试需求响应的方式来解决其运行的一些需要并接受聚合商关于提供需求响应服务的报价。特别是在大规模负荷调整或分布式电源重新调度的情况下，TSO 也需要对聚合商的控制动作、需求响应激活和分布式电源调度进行验证，但这些可以通过 DSO 更方便地来完成。具体而言，TSO、DSO 及聚合商之间的这一验证过程的程序如下：

1）聚合商向 DSO 发送其计划进行的控制动作摘要，包括调整后的负荷时间函数和网络负荷区域的函数，请求中可以考虑有功和无功两部分。

2）DSO 收集来自不同聚合商的验证请求，并计算这种控制操作是否符合系统的要求。如果存在明显的问题，DSO 会只根据某些顺序通过聚合商的部分请求验证。

3）DSO 将聚合商通过验证的请求控制操作转发给 TSO。

4）TSO 从输电网的角度进行自己的计算，并将最后的结果发送给 DSO，TSO 可能最终仅通过部分聚合商的控制请求。

5）DSO 根据 TSO 给出的约束更新验证结果并将结果发送给聚合商。

参 考 文 献

［1］王莹. 虚拟电厂 FUN——"三型两网"的冀北实践［J］. 华北电业，2019（12）：32-35.

［2］金雍奥，史文全，孙孝庆，等. 建设泛在电力物联网的冀北实践［J］. 华北电业，2019（04）：10-15.

［3］刘东，樊强，尤宏亮，等. 泛在电力物联网下虚拟电厂的研究现状与展望［J］. 工程科学与技术，2020，52（04）：3-12.

［4］王宣元，刘敦楠，刘蓁，等. 泛在电力物联网下虚拟电厂运营机制及关键技术［J］. 电网技术，2019，43（09）：3175-3183.

［5］Jussi Ikäheimo, Corentin Evens, Seppo Kärkkäinen. DER Aggregator Business：the Finnish Case［R］. Helsinki, Finland：VTT Technical Research Centre of Finland 2010.

第 8 章

第三代虚拟电厂
——自主调度型虚拟电厂

随着虚拟电厂的不断发展，未来配电网中分布式能源和有源负荷将保持高速增长，更多电力用户将由单一的消费者转变为混合型的产消者。传统电力市场的消费者地理位置较分散、波动性大、随机性强、控制难度大，对电网安全可靠运行有着巨大的挑战。当产消者的角色出现时，依托互联网、区块链、大数据、人工智能等现代信息通信技术，把分布式能源、储能、负荷等分散在电网的各类资源相聚合，进而协同优化运行控制和市场交易，对电网提供辅助服务。美国弗吉尼亚理工大学的教授赛义夫·拉赫曼（Saifur Rahman）认为：随着屋顶太阳能、蓄电池、电动汽车等行业的常态化，包括中国在内的居民，都将从消费者转变为产消者（既是生产者也是消费者），楼宇也从被动电力使用者转变为可再生能源的管理者与电网供电的主动提供者，向电网出售多余电能来获取收入[1]。当虚拟电厂发展的前两阶段已完备后，可实现跨空间自主调度，这时用户、分布式能源可自由选择调度主体，并实现跨空间地理交易和估算。

因第三代虚拟电厂在我国还未出现，因此本章主要分析国外第三代虚拟电厂发展情况与优秀案例。

8.1 欧洲第三代虚拟电厂发展情况与优秀案例

根据 Navigant Research 虚拟电厂报告，欧洲电网结构紧密相连，可再生能源占比高，为虚拟电厂获得市场奠定了基础。到 2040 年，预计可再生能源将占欧洲电力结构的90%，其中风能和太阳能将占80%。欧洲拥有最大的虚拟电厂市场份额，这归因于欧洲不同国家或地区拥有大量的行业参与者和新的政府举措，这些国家都采用了100%的绿色能源。

在英国，陆上和海上风能发展迅速，预计到2030年将占英国发电量的64%。目前，虚拟电厂控制着160MW的装机容量，装机容量拍卖为需求响应聚合商创造了一个价值5000万英镑的市场。

德国认为，未来十年将发生快速变化，其中82%的发电量来自可再生能源。有了这一转变，德国成为虚拟电厂的领导者，其可控制的功率高达650MW。尽管需求响应目前不是该国的主要资源，但正在进行各种计划和项目来对此进行改变。

在意大利，虚拟电厂控制着350MW的容量。在爱尔兰，需求响应在2019~2020年的容量拍卖中清除了426MW。

比利时和法国为独立的聚合商定义了角色和职责，2013~2015年的可用容量增加了两倍。北欧地区以及荷兰和奥地利等国家也实施了基于零售商的灾难恢复计划，但尚未认可聚合商[2]。

8.1.1　德国 Next Kraftwerke

1. 简介

Next Kraftwerke 是德国一家大型的虚拟电厂运营商，创立于2009年，是欧洲电力交易市场（EPEX）认证的能源交易商，在 EPEX SPOT 和 EEX 等欧洲交易所可以参与能源的现货市场交易。Next Kraftwerke 通过中央控制系统，将来自沼气、风能和太阳能等可再生能源的发电资产与商业和工业电力用户以及储能系统连接在一起。截至2020年6月，Next Kraftwerke 已有9516个聚合单元，8179MW 联网装机容量，6.277亿欧元营业额，15.1TWh 能源交易量，其发电能力相当于四座核电站。

2. 虚拟发电厂平台 NEMOCS

（1）NEMOCS 简介

管理向基于可再生能源的分布式能源系统的转变是能源企业面临的巨大挑战。许多分布式能源需要通过良好的协调才能提供可靠的能源供应。从中央控制系统到用户的过程需要智能化来确保能源供应随时满足能源需求。虚拟电厂是解决这些分布式能源问题的关键技术。虚拟电厂不仅聚合数千个发电厂、用户和存储单元，还通过智能化管理控制它们的输入和输出，灵活地向不同的市场提供电力。

Next Kraftwerke 是能源市场的老牌企业，活跃于欧洲所有相关的电力交易所。公司 NEMOCS 平台融合了其 IT 专家和能源交易商开发的理念和功能。平台中虚拟发电厂包括 8500 多家使用不同能源的联网能源生产商以及工业能源用户，装机容量超过 8179MW。NEMOCS 适用于灵活负荷和各种能源：从太阳能、风能、水力和沼气等可再生能源到应急发电机和 CHP。在此之前，公司对批发市场和平衡市场基于价格的调度做了相关调研，并在自动化、可扩展性和性能等方面持续优化。

（2）NEMOCS 的特点

NEMOCS 是一个模块化设计的软件，使虚拟电厂能够连接、监控和控制分布式发电商、用户和存储系统。它为工厂运营商、电力供应商、电网运营商和电力交易商提供了广泛的业务领域。它有如下特点：

• 聚合：使用标准接口，可以通过 Next Box 将不同的资产（如风能、太阳能或生物质能）和可控负荷连接到虚拟电厂中，并远程控制它们。

• 监控：控制系统显示并记录有关的当前容量、存储级别和待机状态的实时信息。

• 数据可视化：NEMOCS 控制系统提供多种可视化界面。例如，可以按技术类型、客户组或位置进行筛选。

• 高性能数据处理：来自能源市场的价格信号和来自系统运营商的控制信号在几秒钟内被处理并转换为资产的操作命令。使用应用程序编程接口（API）或文件导出，数据可以稍后传输到主数据、交易或会计系统。

• 优化资产运营：基于联网资产的输入和输出数据以及市场和天气数据，可以执行高峰负荷运行的计划，优化灵活的资产并实施需求响应解决方案。

• 个体控制：中央控制系统远程管理每个资产，并确保根据资产的个别限制执行预定的计划。计划安排可能会在短时间内更改。

（3）NEMOCS 的结构

控制系统是虚拟电站的技术核心。来自每个资产的所有信息通过 M2M 通信实时汇集在一起，提供虚拟发电厂可用容量的精确快照。市场和网络数据也在控制系统中进行处理，并转换为单独的操作命令。NEMOCS 基于标准接口，因此具有可扩展性，并对所有类型的技术开放。使用 API 可以轻松地在其他系统之间导入和导出数据。

（4）NEMOCS 使用案例

可再生能源在电力结构中所占的比例越来越高，更重要的是可靠地预测其产量。具有电网责任的各方，如 DSO 和 TSO，需要关于预期上网电量的准确信息，以维持基础设施的稳定运行，输送不稳定和波动的电量。任何与预测量的偏差都必须在短期内得到补偿，否则系统成本就会过高。NEMOCS 通过中央控制系统实时监测多个分布式能源，以高频率和最精确的方式显示和记录当前输入和资产状态的实时信息。数据可以在相关联的系统通过数据清洗工具进一步处理。

1）案例研究：基于价格的网络资产控制。

风电、光伏等可再生能源，由于采用逆变器输出形式，缺乏足够的惯量，具有间歇性的固有属性，呈现出波动、不可控的外部特性。由于电力供应的迅速变化，市场价格波动很大。可操纵资产的运营商可以利用不断变化的能源价格，通过在价格高的时候发电，在价格低的时候让设备待运，这样既可以增加利润又可以支持电网的可持续利用。除市场和天气数据外，NEMOCS 还可处理大量的实时数据，安排高峰负荷运行，优化灵活资产及其各自的市场价值。中央控制系统可以调度单个资产或 Pool 的操作，并确保预先确定的计划得到执行。

Next Kraftwerke 的中心交易场所位于巴黎的 EPEX 现货市场，它是欧洲最重要的短期电力交易市场。在一天的时间里，日前市场的电价变化了 24 次，在日内交易中甚至变化了 96 次。15min 之内的差额可能超过每兆瓦时 50 欧元。受益于这些价格差异，NEMOCS 在最经济可行的时候发电或用电，不断优化计划并将其输入完全自动运行的控制系统。

2）案例研究：为欧洲电网平衡服务。

随着依赖天气变化的能源的增加，电网的波动也越来越大。因此，现代能源工业的中心任务是通过控制分布式能源的供电和可控负荷的输出来保证电网的始终稳定。如今，不仅大型发电厂能够提供平衡服务，在一个虚拟的发电厂中，反应时间较短的小型机组在平衡这些波动方面也起着至关重要的作用。除了联网资产的所有实时数据外，控制系统还显示外部数据，如电网频率或市场价格及其各自的市场价值。

Next Kraftwerke 在七个欧洲 TSO 地区提供平衡服务。通过资格预审资产Pool，参与了 TSO 的竞拍。如果频率不平衡，将收到系统运营商的命令，要求一定数量的控制储备。虚拟电厂算法根据资产的个别限制，决定哪个资产提供多少控制储备。然后，在接到通知后，相应的单元就会升速或降速。供应商可以从这项服务中获得额外的收入。此外，它们通过保护电网不受与不稳定能源相关的波动的影响，有效地支持能源转型。

3）案例研究：优化能源成本，积极调度用户。

供水公司 Bodense Wasserversorgung 负责斯图加特和整个巴登-伍尔滕堡地区的供水。因此，每天从康斯坦斯湖抽水 35.6 万 m^3。水务公司的年耗电量为150GWh，主要用于抽水，因此该公司正在寻找提高能源和成本效率的方法，并在 Next Kraftwerke 的弹性电价中找到了这些方法。"Best of 96" 可变电力供应合同使电力交易所的价格波动直接可用。为了调整消耗量，可以打开或关闭四台 8MW 泵和两台 11MW 泵。Next Kraftwerke 通过 REST- API 将电价传输给自来水厂，而自来水厂则通过相同的路径将其计划发送回虚拟电厂。通过这些电力采购的优化，水务公司每年可以节省六位数的电费。

8.1.2 Energy2Market

1. 简介

Energy2Market（e2m）是一家独立的电力贸易公司，致力于管理和优化发电机、消费者、供应商和电网运营商的动态投资组合。

e2m 的捆绑发电容量超过 3700MW，是德国最大的直接营销商之一。凭借其虚拟发电厂和 7×24 交易团队，e2m 能够将分散发电与消费系统的电力和弹性捆绑在一起，并全天候实时营销这些系统。e2m 的系统既可以通过时间表远程控制工厂，也可以提供所有类型的备用服务。通过将技术和能源行业的专业知识与市场知识相结合，e2m 为其客户打造解决方案。e2m 是德国功能最齐全的直销商之一，其业务广泛，包括：电力短期交易、优化电厂发展、电厂实时监控、控制电力市场的需求响应、自动负荷控制、优化储能产品与服务、系统辅助服务、可再生能源发电的直接市场竞价、售电服务等，因此可以满足市场参与者的多种要求，提供进入短期交易和储备能源市场的权限，同时还可以节省成本和其他收益。

e2m 的虚拟电厂自 2015 年以来获得认证，将超过 3500 个分散式发电厂与四个核电厂的发电量相结合，技术 100% 为内部研发，具有高可用性、故障安全且不间断的特点。

2. 案例

2020 年 4 月 14 日，控制能源市场处于异常强劲的变化状态。在很短的时间内，德国范围内的 2GW 缺口变成了不足 3GW 的盈余。几乎 5GW 的波动，导致四家德国传输系统运营商大量取消 SRL。e2m 虚拟电厂中的分散电厂满足了很大一部分需求，从而证明了它们与系统的相关性。

e2m 包含 5000 多个发电电厂和消费电厂，其中在异常事件期间使用了 1200 多个分散电厂。在技术方面，e2m 的虚拟发电厂对发电行为产生了有针对性的可靠影响，并通过数字方式协调了大规模的淘汰行动。这些主要针对沼气厂，沼气厂由于其高度灵活的操作而能够可靠、短期地提供 SRL 容量，并证明了它们与系统的相关性。图 8-1 所示为 2020 年 4 月 14 日从早上 6 点到下午 6 点，德国二级储备市场的波动情况。

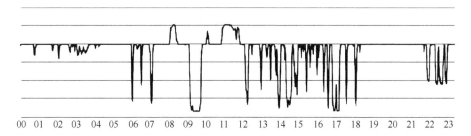

00　01　02　03　04　05　06　07　08　09　10　11　12　13　14　15　16　17　18　19　20　21　22　23

图 8-1　2020 年 4 月 14 日德国二级储备市场的波动情况

8.2 澳大利亚洲第三代虚拟电厂发展情况与优秀案例

南澳大利亚州（SA）目前提供三种虚拟电厂计划，即 SA 政府的 Telsa/Housing SA 虚拟电厂计划、AGL 虚拟电厂计划和 Simply Energy 虚拟电厂计划。

8.2.1 Tesla

1. 简介

Tesla（特斯拉）是一家美国电动汽车及能源公司，产销电动汽车、太阳能板及储能设备。2019 年，特斯拉与南澳大利亚州政府合作，在 1000 多个低收入家庭中安装了屋顶太阳能系统以及 Powerwall 住宅蓄电池。这些 Powerwall 连接在一起，是虚拟电厂的重要组成部分。它不是全部集中在一个位置，而是由分布在南澳大利亚州大部分地区的许多小型储能节点组成。现如今，已在全州范围内建立了 50000 多个家庭的太阳能和 Powerwall 电池系统社区、250MW 机组容量。除了帮助稳定电网之外，通过在房屋之间共享太阳产生的能量，个人房主的公用事业账单也下降了 20%，减少了网络中每个人的能源成本，这对于低收入的家庭来说可减轻日常开销费用。澳大利亚能源市场运营商（AEMO）的 2020 年综合系统计划草案预测，澳大利亚 63% 的燃煤发电将退出舞台，这相当于澳大利亚所有家庭和部分企业的年电力需求。同时，分布式能源发电量预计将翻倍甚至三倍，屋顶太阳能将提供总电能的 22%，介于 32GW 和 50GW 之间。

2. Tesla 能源平台

Tesla 能源平台基于 Linux 操作系统，提供本地数据存储、计算和控制，同时还通过 WebSocket 保持与云的双向流式通信，以便它能够以每秒一次的频率定期向云发送一些应用程序的测量值。它也可以从云端按需指挥。

Tesla 能源平台是为住宅和工业客户而建立的。对于住宅用户来说，该平台支持的产品包括 Powerwall 家庭电池（在停电的情况下，它可以为房子提供数小时或数天的备用电源）、太阳能屋顶（利用屋顶瓦发电）和改造太阳能。太阳能产品可以与 Powerwall 配套提供，不仅可以提供备用电源，还可以最大限度地提高太阳能产量。

Tesla 能源平台使用软件提供太阳能发电、储能、备用电源、运输和车辆充电等综合产品体验，并创建独特的产品，如 Storm Watch，当风暴来临时，将为 Powerwall 充电，以便在断电时，可以获得备用电源。客户体验的一部分是在移动应用程序中查看该系统的实时性能，客户可以控制一些行为，例如在低成本时段优先充电。

对于工业客户，该软件平台支持用于大规模储能的电源组和 megapack（巨型电池）以及工业规模的太阳能等产品。PowerHub 这样的软件平台允许客户实时监控其系统的性能，或者检查几天、几周甚至几年的历史性能。现在，这些用于太阳能发电、储能、运输和充电的产品都有一个边缘计算平台。放大能源的边缘计算平台来连接不同的传感器和控制器，比如逆变器、总线控制器。

这个平台的基础是线性可扩展的 WebStutter 前端，它的后端是一个大数据 Kafka 集群，用于接收数百万物联网设备的大量遥测数据。Kafka 集群提供了消息传递的持久性，将数据发布者与数据使用者分离，并允许跨许多下游服务共享数据。该平台还提供发布订阅消息服务，实现物联网设备的双向指挥和控制。这三种服务一起作为共享基础设施提供给整个 Tesla，在此基础上构建更高端的服务。

Tesla 能源平台的主要编程语言是 Scala。能源产品的 API 大致为三个范围。第一个是 API，用于查询来自设备的遥测警报和事件；第二个是描述能源资产和这些资产之间关系的 API；第三个是用于指挥和控制能源设备（如电池）的 API。现在，这些 API 的支持服务由大约 150 个 polyglot 微服务组成。

为了支持有效的查询和遥测数据的汇总，Tesla 能源平台使用 InfluxDB（一个开源的专门构建的时间序列数据库）并维护大量的低延迟流服务，用于数据接收和转换。

资产管理服务的目的有四点。一是将这些不同的业务系统抽象并统一到一个一致的 API 中；二是提供一致的真相来源，特别是当数据相互冲突时；三是提供一种类型系统，应用程序可以依赖同一类型设备（如电池）的相同属性；四是描述这些能源资产之间的独特关系，比如哪些设备可以相互通信，谁可以控制它们，告诉电池在给定的功率设定值下放电一段时间。与遥测和资产领域类似，需要物联网设备规模上的流式状态和实时表示，包括建模这种通过互联网控制物联网设备所带来的固有不确定性。

Akka 是一个用于分布式计算的工具包，是构建这些微服务的重要工具。它还支持 actor 模型编程，这对于建模单个实体（如电池）的状态非常有用，同时还提供了基于异步和可变消息传递的并发和分发模型。Tesla 能源平台广泛使用的 Akka 工具箱的另一部分是称为 Akka Streams 的反应流组件。Akka Streams 为流控制、并发性和数据管理提供了复杂的原语，所有这些都在幕后施加了背压，确保服务具有有限的资源约束。Akka Streams 处理系统动态，允许进程随着系统负荷的变化和消息量的变化而弯曲和伸展。

3. 使用案例

（1）单电池参与市场

Hornsdale 电池是世界上最大的电池，大约相当于一个燃气轮机。即使有再多的可再生能源上网，Hornsdale 也能通过提供多种服务保持电网的稳定，并且还降低了用户的成本。在极端情况下，比如发电机离线时，Hornsdale 几乎立即做出反应，以平衡可能导致停电的大频率偏移。即使在正常情况下，常规发电机的响应滞后电网运营商的信号几分钟，Hornsdale 可以几乎即时跟随电网运营商的频率调节命令。

Tesla 开发了 Autobidder 来运营 Hornsdale。它运行的工作流程是获取数据、预测价格和可再生能源发电量，并决定一个最佳出价，然后提交。这些工作量每 5min 运行一次，这就是澳大利亚市场的节奏。

Autobidder 构建在特斯拉能源平台的应用层，它由几个微服务组成，与平台和第三方 API 交互。Autobidder 基本上是一个工作流编排平台，在系统的中心是 orchestrator 微服务，它运行自动报价工作流。市场数据服务抽象了复杂输入数据的 ETL，相对于市场周期，这些数据的到达时间有很多种。

市场数据、投标服务和 orchestrator 之间的通信通过 gRPC 进行，Colin 将其好处描述为严格的契约、代码生成和协作。编排器、预测和优化服务之间的通信使用 amazonsqs 消息队列。这些队列为我们提供了持久的传递，在使用者失败的情况下重试，并且可以轻松地支持长时间运行的任务，而无须在服务之间建立长期的网络连接。我们使用不可变的输入输出消息传递模型，并且消息具有严格的模式。

（2）调峰虚拟电厂

电网负荷随天气和一年中的时间而变化，峰值负荷非常昂贵。满足峰值负荷的选择是建立更多的容量，这会产生大量的资本成本，然后在这些峰值之外，这些容量基本上没有得到充分的利用。另一种选择是从另一个有权使用的司法管辖区进口电力，而这通常要付出很大的代价。

如果我们能抵消需求，使负荷曲线更均匀，电就可以更便宜。Tesla 虚拟电厂在电网负荷峰值时给 Powerwall 电池放电，而在其他时候，房主将使用这种电池作为清洁的备用电源。当虚拟电厂发展到数千个 Powerwall 和数十兆瓦的功率时，不仅要控制电池何时放电，还要控制电池何时充电，并在较长时间内分散充电。

Tesla 通过使用分层聚合来实现此目的，而分层聚合是云软件中的虚拟表示形式。第一层是代表单个站点的数字孪生兄弟，因此将有一所带有 Powerwall 的房屋。下一级别是通过电气拓扑（例如变电站）来组织的，也可能是通过地理（例如县）来组织的。下一级别可以是物理分组，例如电气互连，也可以是逻辑上的分组，例如带有电池的站点和带有电池加太阳能的站点。所有这些站点汇集在一起，构成了虚拟电厂的顶层。这意味着我们可以像查询单个功率墙一样快速地查询数千个功率墙的集合，并使用该集合来通知我们的全局优化。电池并非全部充满电，这取决于家庭负荷、一天中的时间、当天的太阳能发电量以及工作方式，有些电池可能会充满一半或接近耗尽。

（3）市场参与虚拟电厂

在优化的虚拟电厂中，Autobidder 每 15min 生成一个时间序列的价格预测，Tesla 能源平台控制组件将这些预测分发到各个地点。然后运行局部优化，根据局部和全局目标制定电池计划。接着，站点将该计划传达回 Tesla 能源平台，该平台使用提取和汇总遥测的相同框架来提取和汇总该计划。最后，Autobidder 使用汇总计划来决定要出价的内容。

这种分布式算法有两个很大的优点。一个是可伸缩性。另一个很大的优点是可弹性应对不可避免的通信间歇性。当站点在短时间内或中等时间内脱机时，它们会收到此全球时间序列价格的最后一个版本，并且可以使用对全球目标的最佳估算来继续进行优化。然后，如果网站离线的时间长于该价格时间序列的长度，则它们只会恢复为纯粹的本地优化。在降低连接性的情况下，它仍在为本地站点创造本地价值。遥测聚合可以立即解决离线站点的问题，如果站点在一定时间内没有报告信号，则将它们从汇总中排除。这样，Autobidder 便可以保守地出价，并假定离线站点不参与市场竞标。

Tesla 独特的垂直硬件、固件、软件集成支持这种分布式算法。这种分布式算法使虚拟电厂更具弹性。在分布式系统不可避免的通信故障期间，设备能够以合理的方式运行。由于高质量和可扩展的 Tesla 能源平台具有不确定性并可以模拟现实，因此该算法才有可能。同时，这些算法有助于提高产品的整体价值。

在建设 Tesla 能源虚拟电厂的过程中，他们确实发现，虽然算法对于虚拟电厂的成功很重要，但整个系统的架构和可靠性是解决方案的关键[4]。

4. 实际案例

AEMO 于 2020 年发布了对虚拟电厂安装的首次审查并给予了极高的评价。尽管系统没有对每个电网中断事件做出预期的响应，但可以迅速地确定发生任何故障的原因，并几乎立即采取纠正措施。下面将介绍 AEMO 报告涵盖的三个重要案例。

（1）2019 年 10 月 9 日，对 Kogan Creek 的响应

在此事件中，澳大利亚国家电力市场（NEM）中最大的发电机组（昆士兰州的 Kogan Creek）从 748 MW 意外跳闸，电力系统频率立即降至 49.61 Hz，即低于正常工作范围。SA 虚拟电厂检测到该频率偏移，并立即做出反应，将功率注入系统并帮助恢复频率。

（2）2019 年 11 月 16 日，对维多利亚州和南澳大利亚州地区分离的回应

2019 年 11 月 16 日下午 6 点后，一场突发事件导致南澳大利亚州地区与 NEM 电力系统的其余部分断电了近 5h。最初导致电力系统的频率达到 50.85 Hz，这意味着需要南澳大利亚州虚拟电厂交付其全额启用的电力。

Energy Locals 和 Tesla 意识到启用适当的频率支持设置的系统比预期的要少。这导致作为虚拟电厂一部分响应的单个单位减少了，从而使频率控制辅助服务（Frequency Control Ancillary Services，FCAS）的总体响应快速降低，这相当于预期响应的 83%，即 828kW，而不是 1MW 的投标。

在将其他系统注册到 SA 虚拟电厂中时，已配置并激活了正确的频率设置。如虚拟电厂演示 FCAS 规范中所述，后来为了进行虚拟电厂范围的测试而收集数据时，为某些系统手动计划了测试，因此修改了这些设置。

虚拟电厂的一个好处是，一旦确定了此问题，就可以通过远程重新配置不符合要求的系统来立即解决此问题。自此事件以来，特斯拉通知 AEMO，它已对所有系统进行了每日检查，以确保它们根据预期的配置要求做出响应。预计这种方法将减轻未来任何交付不足的风险。

（3）2019 年 12 月 10 日，对频率事件的响应

在此事件期间，NEM 在彼此之间的 45min 内经历了高频（>50.15 Hz）和低频（<49.85 Hz）事件。在这两种情况下，SA 虚拟电厂都会立即做出反应，首先将电池充电至较低的系统频率，然后对电池放电以提高系统频率（见图 8-2）。

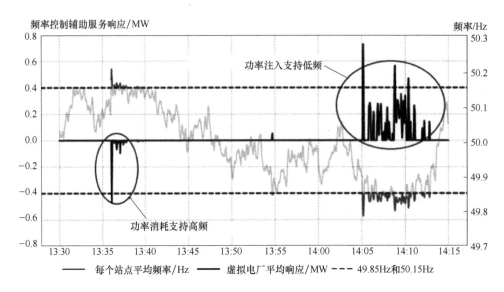

图 8-2 南澳大利亚州虚拟电厂在 2019 年 12 月 10 日对紧急事件的响应

8.2.2 AGL

AGL 是澳大利亚领先的可再生能源公司，也是澳大利亚最大的可再生能源发电资产私营业主、经营者和开发者，并在不断寻求进一步扩大澳大利亚开发探索低排放和可再生能源发电的发展机遇。AGL 的投资主要在水力和风力资源，以及在关键的可再生领域包括太阳能、地热能，生物质能的持续发展，甘蔗渣和垃圾填埋废气。

此前，AGL 于 2016 年开始在阿德莱德建造 5 MW/12 MWh 虚拟电厂，并在 ARENA 的 500 万美元的资助下于 2017 年投入使用。虚拟电厂使用 Tesla Powerwall 2 电池和 LG Chem RESU 10h-SolarEdge 组合[5]。在南澳大利亚州成功进行试验后，AGL 将其虚拟电厂扩展到其他州。根据该计划，客户每年最多可以节省 280 美元的电费（会为使用虚拟电厂电池提供 100 美元的注册信用和每天 49.32 美分的信用，即一次 100 美元，再加上每年 180 美元），以及其合同规定的上网电价（14.2 美分/kWh 或 18 美分/kWh），并可以预付 1000 美元的电池费用[6]。在 2019 年 7 月，AGL 将在维多利亚州、南澳大利亚州、新南威尔士州和昆士兰州为已安装兼容电池的客户提供优惠，使他们能够进入虚拟电厂计划[7]。

8.2.3　Simply Energy 虚拟电厂

Simply Energy 虚拟电厂每天为使用电池支付 7 美元，在 3 年的合同中，最高支付 5100 美元（相当于 2 年的价值），再加上 15 美分/kWh 的上网电价。他们声称，在获得 SA 政府补贴的情况下，可以安装 10000 美元的 Tesla Power-wall 电池。

8.3　美国第三代虚拟电厂发展情况与优秀案例

美国批发市场约有 28GW 的需求侧资源参与其中，约占高峰需求的 6%，而零售计划则占 35GW。领先的区域市场包括 PJM、CAISO 和 MISO，许多州都在扩大基于时间的费率试点，特别是与电动汽车的非高峰充电有关。在美国，虚拟电厂控制的需求响应能力约为 680MW。

8.3.1　纽约联合燃气爱迪生公司

1. 简介

纽约联合燃气爱迪生公司（以下简称 Con Edison）的清洁虚拟电厂 REV 示范项目是能源愿景改革（REV）项目的一部分，按照采用监管政策命令的要求框架和实施计划，由纽约州公共服务委员会于 2015 年 2 月 26 日发布。该项目旨在展示数百栋住宅中太阳能和储能的聚合资产如何共同为电网提供网络效益、为客户提供弹性服务、为 Con Edison 带来货币化价值，这些结果将有助于指导未来的费率设计和分销级市场的发展。虚拟电厂项目使合作企业和市政公用事业公司能够充分利用分布式能源作为其提供安全、可靠和经济实惠的电力服务战略的一部分，并且满足美国能源部电网现代化目标，即到 2035 年实现至少 10% 的有源设备，以提高电网灵活性[9]。

2. 清洁虚拟电厂 REV 示范项目

项目实施分为三个阶段。

第一阶段：作为一家能源服务提供商（ESP），SunPower 通过弹性服务的价值主张来销售集成太阳能和储能系统。SunPower 主要针对 Con Edison 区域内的单户住宅业主。当 SunPower 向客户提供 1.8MW 的存储逆变器功率容量时，第一阶段将完成。第一阶段主要测试客户是否愿意为恢复能力支付费用，告知 ESP 除了获得弹性付款外，还需要支付未来的调度费用，以实现清洁虚拟电厂。ESP 将获得弹性付款，以抵消电池成本和所需调度付款要求，SunPower 将在本项目期间保留所有的弹性付款。合同安排将设计成捕捉弹性付款的价值，以降低项目成本。Con Edison 不会从恢复性付款中获得收入。

第二阶段：其重点是在 Con Edison 和 SunPower 之间建立通信和控制平台，独立或整体运行集成储能系统，并评估其在各种不同场景下的性能。

第三阶段：Con Edison 将研究和测试优化调度的方法。Con Edison 评估各种现有的市场机会，以将虚拟电厂的批发市场效益（即容量、能源、需求响应、储备和频率调节）货币化，并确定未来的机会。

Con Edison 正在进行一个 2MW 的试点项目，以测试通过虚拟电厂向竞争市场出售储存能源的可行性，相信到 2021 年，类似的虚拟电厂可以产生 8% 的投资回报率。

8.3.2　Holy Cross Energy

1. 简介

Holy Cross Energy（HCE）成立于 1939 年，是一家非盈利性、成员所有的电力合作公司，为科罗拉多州西部的 Eagle、Pitkin、Garfield、Mesa 和 Gunnison 的 55000 多个成员提供电力、能源产品和服务。公司提供可持续的能源和服务，致力于改善成员和社区的生活质量。计划到 2030 年实现 70% 的清洁能源，目前正在试验一种家庭规模的虚拟电厂技术，该技术将有助于整合更多的屋顶太阳能和储能。每个家庭中的设备可以优化向电网的供电以及电网服务。

2. 家庭规模的虚拟电厂项目

科罗拉多州的四个有太阳能和储能设施的房屋现在正在作为虚拟电厂运行。在每个家庭中，一个控制器设备管理太阳能、储藏室、电动汽车充电器以及用于热水和空间供暖的热泵。

每个家庭中的控制器都有一个嵌入式算法，该算法从电网接收有关电压、频率和功率流的信息，并使用该信息指导五个分布式设备的运行。科罗拉多州西北部的电气合作社 HCE 报告说，在不久的将来，价格信号还将发送到控制器，帮助指导其决策。

HCE 研究工程师 Chris Bilby 在接受 PV 杂志采访时说，该项目将帮助 HCE 适应屋顶太阳能系统的部署，包括存储在内的更新系统，并在光伏系统向电网注入电力时进行调节。正在测试的技术还将帮助 HCE 实现其到 2030 年达到 70% 清洁能源的目标。HCE 的电力结构目前包括 37% 的风能、太阳能、水力发电和生物质能。HCE 每个家庭控制器的信息流如图 8-3 所示。

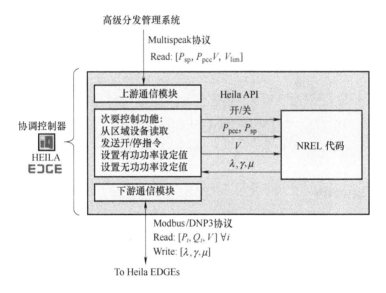

图 8-3　HCE 每个家庭控制器的信息流

如图 8-3 的顶部所示，该实用程序的高级分发管理系统使用 Multispeak 协议将数据发送到 Heila Technologies 制造的 Heila EDGE 控制器的上游通信模块。

图 8-3 的底部显示，Heila EDGE 控制器还使用 Modbus 协议或 DNP3 协议与其他家庭中的其他 Heila EDGE 控制器进行通信。Heila EDGE 控制器还从家庭的"现场设备"中获取读数，每个 Heila EDGE 单元在每个家庭中控制着五个设备[10]。

所有这些信息都被馈送到 NREL 代码中，该代码算法会随后发送至次要控制功能模块，以供 Heila EDGE 控制器控制家庭设备。然后，Heila EDGE 控制器将这些指示传达给家用设备（在图 8-3 中，NREL 代表美国国家可再生能源实验室，λ、γ、μ 表示家庭设备上的不同"设定值"）。控制算法最初是由 NREL 开发的，并且是根据 HCE 的系统数据和在该项目早期执行的 NREL 系统建模而定制的。

在 HCE 启动该项目的现场测试阶段之前，ADMS 提供商 Survalent 与 NREL 合作，在 NREL 位于科罗拉多州 Golden 校区的能源系统集成设施（ESIF）的 ADMS 系统试验台上安装新的 ADMS。这使得 HCE 能够在全面实施 ADMS 之前，与分布式能源和 Heila 控制器协调。NREL 的算法针对 100 多种分布式能源进行了测试。在后续的实验中证明了 Heila 控制器具有通过指定的 ADMS 驱动的用例以成功管理家用设备集的功能。

Holy Cross Energy 和 NREL 方法为以下几个方面扫清了道路：客户参与公用事业分布式能源管理、ADMS 技术的功能演示、分布式能源的实时自主控制、易受灾地区的弹性技术，以及广泛的公用事业如何适应可再生能源。

8.3.3　Sunrun

Sunrun 公司成立于 2007 年，是美国领先的家用太阳能、电池存储和能源服务公司。它开创了家庭太阳能服务计划，旨在让每个人都能更方便地使用当地的清洁能源，而前期费用很少甚至没有。Sunrun 的创新家用电池解决方案 Brightbox 为家庭带来负担得起、弹性好、可靠的能源。该公司可以管理储存太阳能的电池，在为家庭、公用事业和电网带来好处的同时，减少对环境的污染。

1. BYOD 计划

在马萨诸塞州，Sunrun 成功地与决策者和该州最大的投资者拥有的公用事业公司国家电网合作，建立了一个名为"互联解决方案"的 Bring-Your-Own-Device（BYOD）计划，在该地区能源需求旺盛时，纳税者可减轻电网的压力。这是通过利用家庭能源资产（如清洁太阳能电池）的集体能源来实现的。然后，Sunrun 以虚拟电厂的形式向公用事业公司提供电力。在能源价格昂贵且需求量大的时候，从太阳能电池中获取能量，从而减少了化石燃料供电的需求。为电网供电的业主可以得到补偿，而电网运营商不需要运行昂贵的大型基础设施。这降低了所有电力用户的成本，每个人都能从这项计划中获得经济利益，这也减少了对化石燃料发电厂输送能源的需求。在与 Sunrun 和其他公司一起试用该项目后，国家电网公司和马萨诸塞州的其他公用事业公司在全州范围内提供了这些项目。这意味着家用太阳能电池将降低整个联邦的成本和污染，并显示了 Sunrun 正在建立的开创性的合作伙伴关系。

2. 与 SCE 合作项目

2020 年，Sunrun 计划将 300 个家用太阳能加储能装置汇总到一个虚拟电厂中，声称这是美国首批住宅虚拟电厂之一。该项目将与公用事业公司南加利福尼亚州爱迪生（SCE）合作启动，将作为一个太阳能 + 储能系统作为虚拟电厂运行的示范项目，具有发电和储能的总容量。从现在到 2021 年中，Sunrun 的 Brightbox 家庭太阳能 + 储能网络联网数量将多达 200 个，并为 SCE 的管理电网提供峰值容量。该系统还将用于在电网中断的情况下提供备用电源，并展示使用虚拟电厂协助脱碳的更广泛益处。屋顶太阳能电池板产生的清洁能源全天存储在 Sunrun 的 Brightbox 可充电太阳能电池中。如果发生断电，Brightbox 会为客户的家提供备用电源，并且每次太阳升起时都会为电池充电。客户可以根据自己选择的电池类型和数量，选择备份从整个房屋到基本必需电器的所有物品。当客户不依赖虚拟电池进行备份时，虚拟电厂将仅利用电网上的电池容量。

参 考 文 献

［1］小飞. 弗吉尼亚理工大学教授：中国家庭都会从电力消费者转变成产消者［EB/OL］. (2018-06-06)［2020-09-10］. http://www. datayuan. cn/article/16767. htm.

［2］LANA GONORATSKY. Global Virtual Power Plant Market Trends［EB/OL］. (2019-07-30)［2020-09-10］. https://blog. enbala. com/global- virtual- power- plant- market- trends.

［3］STEVE HANLEY. Tesla Virtual Power Plant In Australia Outperforms Expectations［EB/OL］. (2020-04-08)［2020-09-10］. https://cleantechnica. com/2020/04/08/tesla- virtual- power- plant- in- australia- outperforms- expectations/.

［4］PERCY, COLIN. Tesla Virtual Power Plant［EB/OL］. (2020-03-23)［2020-09-10］. https://www. infoq. com/presentations/tesla- vpp/.

［5］MARIJA MAISCH. AGL's new virtual power plant to cover four states［EB/OL］. (2019-06-13)［2020-09-10］. https://www. pv- magazine- australia. com/2019/06/13/agls- new- virtual- power- plant- to- cover- four- states/.

［6］SOLAR EDGE. SolarEdge participating in AGL's Virtual Power Plant in Australia［EB/OL］. (2019-08-22)［2020-09-10］. https://www. pv- magazine- australia. com/press- releases/solaredge- participating- in- agls- virtual- power- plant- in- australia/.

［7］MEDIA TEAM. Customers reap rewards through AGL Virtual Power Plant［EB/OL］. (2019-06-12)［2020-09-10］. https://www. agl. com. au/about- agl/media- centre/asx- and- media- releases/2019/june/customers- reap- rewards- through- agl- virtual- power- plant.

［8］LANA GONORATSKY. Global Virtual Power Plant Market Trends［EB/OL］. (2019-07-30)［2020-09-10］. https://blog. enbala. com/global- virtual- power- plant- market- trends.

［9］FEI DING. Grid Modernization via Breakthrough System Monitoring, Control, and Optimization Using Distributed Energy Resources［EB/OL］. (2019-12-13)［2020-09-10］. https://www. nrel. gov/docs/fy20osti/75414. pdf.

［10］ETHAN HOWLAND. Utilities advance virtual power plant projects［EB/OL］. (2019-12-06)［2020-09-10］. https://www. publicpower. org/periodical/article/utilities- advance- virtual- power- plant- projects.

第**9**章

虚拟电厂中的市场主体

目前,各国电力市场中与虚拟电厂(电力需求响应)相关的机构和市场主体见表9-1。不同的机构和专业化市场主体代表不同的市场运营模式、商业模式以及相关业态的发展成熟程度和分工精细程度。在这些与虚拟电厂最相关的市场主体形式中,零售商、聚合商、能源服务商是运营虚拟电厂的主流,其中聚合商的相关内容详见7.2节的描述。本章主要介绍四种非主流市场主体,包括计划协调机构(SC)、负荷服务机构(LSE)、削减服务提供商(CSP)、计量服务商(MSP),这些市场主体目前主要存在于美国市场,它们代表了新的商业模式探索和创新,值得我们去借鉴。

表 9-1 虚拟电厂相关市场主体及市场活动

市 场 主 体	市 场 活 动
消费者(Customer)	购电自用、终端用户(End User)
负荷服务机构(Load Serving Entity, LSE)	给批发市场用户和终端用户提供电力服务,包括零售商(REP)
零售商(Retail Electric Provider, REP)	售电给消费者,自身不拥有或控制发电资产
销售商(Marketer)	对电拥有所有权并向消费者转售电
聚合商或集成服务商(Aggregator)	为众多的购电者和/或售电者处理计划、进度、财务、账单、结算事宜
经纪人(Broker)	作为别人在商谈合同、购买或销售电力或电力服务活动的代理,本身不拥有所有权
最后服务提供商(Provider Of Last Resort, POLR)	为不行使零售选择权的用户提供默认服务(Default Service)
削减服务提供商(Curtailment Service Provider, CSP)	为需求侧响应项目整合用户资源
公用配电公司(Utility Distribution Company, UDC)	拥有和维护配电系统,配送电力。又称为配电服务提供商(Distribution Service Provider, DSP)及地方配电公司(Local Distribution Company, LDC)

（续）

市　场　主　体	市　场　活　动
发电商（Generator）	拥有或掌握发电资源并生产电力
公用电力公司（Utility）	提供发电、输电、配电、削减负荷、计量等多方面服务
独立系统运营机构（ISO）	输电网运营机构，提供无歧视准入、管理阻塞、维持电网可靠性和安全性、提供账单和结算服务
区域输电组织（Regional Transmission Organization，RTO）	输电网所有者和使用者联盟，负责向 FERC 汇报输电系统开放准入的执行情况，也称为区域输电集团（RTG）
电力交易中心（Power Exchange，PX）	管理电能及负荷竞价，包括需求侧响应，执行双边物理合同外的其他交易
计划协调机构（Scheduling Coordinator，SC）	履行一定容量以上合同双方的交易执行和结算，计划合同执行起始时间以及有关电力供应和接受的其他有关事项
计量服务商（Meter Service Provider，MSP）	安装和维护计量设备
计量数据管理代理（Meter Data Management Agent）	读取和核对计量数据信息

9.1　计划协调机构

9.1.1　计划协调机构概述

SC 通常需要传统的开停机优化软件和市场分析、竞价策略以及合同优化等配备的分析软件。SC 的职能是把供求双方撮合在一起，不必遵从 PX 的规则，考虑输电损失并确保供需平衡，以分散的方式促进电能供求进行交易[1]。

SC 和虚拟电厂有很多相似的地方，SC 既可以看成第三代虚拟电厂的前身，也可以看成第二代虚拟电厂的拓展，未来很可能会出现虚拟电厂 和 SC 相互融合的整合模式。它们都具有内部自我协调的能力，面对市场主体可对能源进行托管和协调。从目前来看，两者有如下不同的地方[2]：

1）SC 大部分参与批发市场，而虚拟电厂则更加灵活，可参与批发市场、零售市场，也可参与现货市场交易。

2）SC 调度的发电或负荷可控资源规模较大，其代理的发电商往往本身就是批发市场主体；虚拟电厂托管的资源规模大部分为分布式资源，地理位置分散，只有将资源聚合起来才能有效地参与电力市场交易。

3）SC 是电力市场授权的协调机构，在 ISO 和发电商之间调度协调优化资源。在保证系统安全可靠运行的前提下，保证市场交易的收敛并快速出清，其作用发挥在事前。虚拟电厂则是全程参与，包括事前的优化策略制订、事中的协调控制实现以及事后的分析评估报告等。

4）SC 同 ISO、PX 一样，采取固定的盈利模式。虚拟电厂则可以利用内、外两个市场，通过购售价差、辅助服务、电力服务等途径，实现多种盈利模式[3]。

9.1.2 计划协调机构案例

在美国 PJM 电力市场、加利福尼亚州电力市场，挪威电力市场中有 SC 独立运营。英国电力库模式和我国电力市场暂未出现 SC。本节以美国加利福尼亚州电力市场 SC 作为案例进行阐述。

在美国加利福尼亚州的电力市场中，SC 在提供完全非捆绑的发电、输电和零售接入服务、控制调度和拥塞方面、提交负荷预测结果及交易计划方面发挥着核心作用。SC 向 ISO 提供计划和投标，作为日前、小时前和实时三个交易市场中参与发电和负荷的代理。在这三个市场中，ISO 发布拥塞信息，执行 SC 代理的交易，然后在必要时根据 SC 拥塞出价重新分配资源。在日前和小时前市场，ISO 接受 SC 提供的反映可接受调度调整的时间表和投标。SC 计划必须与提供给电网的电力和每小时从电网上取下的电力完全匹配。在实时市场中，ISO 只能使用 SC 提供的报价来调整拥塞。在日前市场中，SC 可以利用"迭代窗口"进行交易，以应对预期的拥堵。SC 从 ISO 获得拥塞信息，检查交易选项并调整发电量和负荷，从而缓解参与者之间或与其他 SC 之间的交易。SC 随后向 ISO 提交其修订的发电和负荷计划。根据这些修订后的计划，ISO 可确定 SC 已进行发电和负荷调整，从而不再存在拥塞。如果拥塞仍然存在，ISO 可以根据 SC 自愿提交的调整标书调整具体的发电量和负荷。然后，ISO 向 SC 发送重新分发指令，SC 必须执行该指令，否则将面临基于下一次增量投标的经济处罚，以满足 ISO 的需求。ISO 不能调整发电机或用户的单独计划，只有 SC 有这个权限。ISO 只能在极端紧急情况下（例如即将发生的停电）自主地改变发电量和负荷[4]。

9.2　削减服务提供商

9.2.1　削减服务提供商概述

CSP 作为第三方供应商，其在获得公用事业、独立运营商授权的情况下，也可以向用户提供需求响应计划、动态价格或需求侧竞标等服务，并从中获得收益。在需求方面，CSP 将负责需求响应活动的汇总、安排和报酬。在电网方面，CSP 将负责与电网参与者（如市场或系统运营商）进行市场谈判、能源交易和投标。此外，CSP 能够适应与实际消耗和生成以及消费者对需求响应事件的实际响应相关的不确定性。在某些情况下，CSP 可以对用户负荷进行直接的负荷控制[5]。

CSP 往往存在较大的前期成本，包括招募客户参与需求响应计划的营销成本、后台和通信网络基础设施成本、客户设施启用技术的设计、安装、融资和维护（如控制、现场发电）。

根据 CSP 是否有权强制执行削减合同，可以将削减合同划分为两组。一般用户放弃对他们的削减决策的控制，允许 CSP 在峰值负荷事件期间远程调整他们的消耗，这种方式称为自动削减合同。很多学者已经对自动削减合同进行了深入研究，但智能计量技术的进步已经引入了新一代削减合同，这种方式称为自愿削减合同。当消费者减少他们的电力消耗时，会产生机会成本。未来削减能源的成本是不确定的，这种不确定性源于高峰事件时间的不可预测性，以及用户使用电力执行任务的多样性。在自动削减合同下，事件发生之前，消费者承诺在下一个高峰负荷事件期间向 CSP 交付指定的负荷减少。相比之下，在自愿削减合同下，消费者决定高峰事件发生时提供给 CSP 削减量。因此，自愿削减合同允许消费者在充分了解成本的情况下减少消费。在选择这些合同类型时，CSP 必须平衡由自愿合同的灵活性所产生的额外消费者价值和不确定的削减量所带来的潜在收入损失[3]。

9.2.2 削减服务提供商案例

CSP 目前主要存在于美国电力市场，美国 PJM 地区建立以 CSP 形式参与批发市场的需求响应机制。CSP 是零散小用户参与需求响应交易的代理商，负责组织具有削减负荷潜力并愿意参与需求响应市场交易的电力用户，并以聚合的"负瓦"发电形式参加批发市场交易。通过 CSP 对不同用户的聚合，单个用户超额完成削减计划以及单个未完成削减计划的用户能够相互抵消，从而保证需求响应的执行效果更加稳定，有利于资源的统一调度。CSP 在美国许多地区仍然面临着重大的制度和监管障碍。例如，一些州（如印第安纳州）已经禁止第三方计划提供者或客户直接参与批发市场需求响应计划。许多公用事业委员会（PUC）也限制了公用事业可保留的项目福利份额，选择将其中大部分返还给消费者（如纽约）。在 CSP 中，利益共享是合同谈判过程中典型的一部分。公用事业委员会还担心其监管现有垄断公用事业及其基础设施的业务和运营的权力受到侵蚀。一些州辩称，它们有正当理由不向零售客户聚集者（或"弧"）开放其零售部门，此类决定应得到尊重。FERC 在其最近的 719 [20] 号法令中试图解决这个问题，其中 FERC 同意必须允许负荷聚合器参与 ISO/RTO 市场，除非受到州法律或法规的阻止。然而，FERC 并没有明确说明谁有责任向 ISO/RTO 报告某州禁止客户参与非公用事业单位的大规模需求响应项目[6]。

EnerNOC 创立于 2001 年，总部位于美国马萨诸塞州波士顿，是一个典型的削减服务提供商，根据客户类型和市场条件提供两种类型的合同。EnerNOC 与 Four Seasons 签订了一份自动削减合同协议，Four Seasons 是一家大型农产品批发商，其温控仓库要求较高的电力输入。Four Seasons 参与了超过 25 项弃电项目，冬季项目平均减少 400kW 的负荷，夏季项目平均减少 1MW 的负荷[3]。

9.3 负荷服务实体

9.3.1 负荷服务实体概述

LSE 将一些零散的资源集中在一起，作为一个整体共同参与需求响应计划、动态价格或需求侧竞标，并代理相关的商务事宜[6]。LSE 确保能源和传输服务（及相关的互联运营服务）满足最终用户的电力需求和能源需求。2016年 12 月 30 日，FERC 接受了 CAISO 提出的针对其资费下的"负荷服务实体"定义的修订建议。特别是 CAISO 提出的电价修订提案试图增加一类新的最终用户负荷服务实体：1）LSE 是最终的电力消费者。2）LSE 具有合法权力，可通过从非负荷服务实体购买能源来提供负荷服务。3）LSE 行使了从不作为交易负荷服务实体的一方购买电力的权利。

9.3.2 负荷服务实体案例

LSE 主要存在于美国电力市场。PJM 要求 LSE 有足够的容量来满足需求，外加应急储备。LSE 可以通过自己的产能、双边合同或 PJM 的可靠性定价模型来满足这一需求。截至 2020 年 6 月 11 日，加利福尼亚州的 LSE 已达到 80 多家。LSE 一方面可以通过能源托管模式拥有实体负荷资源，参与批发市场并与调度互动；另一方面，电力商品的买入和卖出又是其盈利的基本手段[8]。

9.4 计量服务商

9.4.1 计量服务商概述

MSP 是指经委员会认证的所有计量服务提供商。计量服务是指履行与提供、安装、测试、维护、维修和读取零售客户账单和维护电表使用数据相关的功能，以及维护和管理与这些电表有关的电表信息和电表数据。

9.4.2　计量服务商案例

MSP 在美洲快速发展。独立电力系统运营商（IESO）是加拿大安大略省电力系统的核心。IESO 为整个电力行业提供关键服务，包括：实时管理电力系统、智能计量、规划该省未来的能源需求、实现节能和设计更高效的电力市场，以支持行业发展。作为安大略省指定的智能电表实体（SME），IESO 负责该省电表数据管理/存储库（MDM/R）的实施和运营，该管理和存储库有助于管理住宅和小型企业智能电表的消费数据。安大略省的 MDM/R 拥有将近 500 万个智能电表，为 60 多家本地配电公司提供支持，是世界上最大的共享系统之一，并为全省范围内的处理、存储和保护提供了具有成本效益的解决方案。本地配电公司用来向客户收取耗电量费用。截至 2020 年 8 月，加拿大安大略省的计量服务商达到 17 家[9]。

美国公用事业伙伴（UPA）成立于 1997 年，是项目管理、施工管理、运营、维护和专业服务的领先提供商，也是一家计量服务商。UPA 现场团队为美国的水、煤气和电力公司开展大规模的安装项目、抄表、检查和测试服务，以及开/关和违约通知服务。

参 考 文 献

[1] 施展武. PAB 与 MCP 电价机制下的市场均衡分析 [D]. 杭州：浙江大学.

[2] 郭乐. SC 大哥，你好 [Z/OL]. 电力市场那些事儿, 2019.

[3] Daniels K M, Lobel R. Demand Response in Electricity Markets：Voluntary and Automated Curtailment Contracts [J]. Ssrn Electronic Journal, 2014.

[4] Eric Charles Woychik. California's scheduling coordinator：market-maker with advantage? [J] Public Utilities Fortnightly, 1994, 136 (2).

[5] Abrishambaf O, Faria P, Vale Z. Application of an optimization-based curtailment service provider in real-time simulation [J]. 2018.

[6] Lawrence EO, Charles GA, David KB. Demand Response in U. S. Electricity Markets：Em-

pirical Evidence Principal Authors［J］. 2009.

［7］张晶，闫华光，赵等君. 电力需求响应技术标准与 IECPC118［J］. 供用电，2014
（3）：32-35.

［8］郭乐. 升级版的 LSE［Z/OL］. 电力市场那些事儿，2019.

［9］About the IESO.［EB/OL］.［2020-09-10］. http://www. ieso. ca/Learn/About-the-IE-
SO/What-We-Do.

第10章

5G技术在虚拟电厂的运用

10.1 5G 技术概述 ◂◂◂

10.1.1 5G 技术简介

5G 技术即第五代移动通信技术（5th-Generation），是最新一代蜂窝移动通信技术。2015 年 6 月，国际电信联盟（International Telecommunication Union，ITU）正式命名第五代为 IMT-2020。5G 的性能目标是高数据速率、减少延迟、节省能源、降低成本、提高系统容量和大规模设备连接。

回顾历代移动通信技术，1G 实现了移动通话，2G（GSM）实现了短信、数字语音和手机上网，3G（UMTS、LTE）带来了基于图片的移动互联网，4G（LTE-A、WiMAX）推动了移动视频的发展。5G 在设计之时，就考虑了人与物、物与物的互联，所以 5G 不仅能进一步提升用户的网络体验，还将满足未来万物互联的应用需求。

10.1.2 5G 的三大应用场景

2015 年 9 月，ITU 正式确认了 5G 的三大应用场景，分别是增强型移动宽带（Enhance Mobile Broadband，eMBB）、高可靠低时延连接（Ultra-Reliable & Low Latency Communication，uRLLC）和海量物联网通信（Massive Machine Type Communication，mMTC）。其中，eMBB 是主要为人联网服务的，uRLLC 和 mMTC 是主要为物联网服务的，体现出 5G 的物联网属性更强。

eMBB 场景就是现在人们使用的移动宽带（移动上网）的升级版，主要服务于消费互联网的需求，强调网络的带宽（速率）。5G 指标中，速率达到 10Gbit/s 以上，就是服务于 eMBB 场景的。

uRLLC 主要服务于物联网场景，如车联网、无人机、工业互联网等。这类场景对网络的时延有很高的需求，要求达到 1ms，相比 4G 的 10ms 降低了将近 10 倍。在虚拟电厂应用中，如果时延较长，网络无法在极短的时间内对数据进行响应，就有可能发生电力供应事故，虚拟电厂对网络可靠性的要求也很高。

mMTC 也是典型的物联网场景，如智能电表等，在单位面积内有大量的终端，需要网络能够支持这些终端同时接入，要求在单位面积区域具备更高的带宽，连接设备密度较 4G 增加了 10 ~ 100 倍。

10.1.3　5G 关键技术

非正交多址接入（NOMA）可以在保证用户公平性的条件下，获得更大的系统吞吐量[1]。

毫米波通信。毫米波的频带资源非常充分，有大量的带宽可以使用，带宽的扩展是提高数据传输速率最有效的方法。

大规模 MIMO 技术，即为一个基站配备大量的天线，便于为处于同一时频资源内的用户提供服务。大规模 MIMO 技术的优点在于能够显著地改善系统容量。

认知无线电技术是解决频谱资源稀缺、提高频谱利用率的关键技术。主要是通过感知空闲的频谱，将其分配给次用户 SU，而不对主用户 PU 产生影响。

超密集网络（UDN），即尽可能地接近用户，在热点区域大量地部署发射功率较小的小区。优点是使得单位面积的频谱复用率得到提高，且提高网络容量，进而缩短用户的链路，提高链路的质量。

10.1.4　5G 技术的发展

移动通信技术的每一代革新都在性能、速度等方面有较大的提升，给社会带来全新的变化和机遇。为了在 5G 时代取得技术的主导地位，全球多个组织都在积极布局 5G 研究工作，包括行业组织 3GPP、IEEE、下一代通信网络组织（Next Generation Mobile Networks，NGMN）、欧盟 5G 合作伙伴（5G Public Private Partnership，5GPPP），地方组织如中国的 IMT-2020、美国的 5GAMericas、韩国的 5G 论坛等。

1. 国内 5G 技术的发展

纵观目前各国的情况来看，中国处于 5G 领先的"第一梯队"。2019 年 4 月发布的《5G 生态系统：对美国国防部的风险与机遇》报告中，中国被列为 5G 领先的国家之一。做出类似判断的还有国外媒体 Business insider："4G 时代，中国缔造了全球最大的移动互联网市场；而 2025 年来临之前，它也有望成为全球最大的 5G 市场"。

早在 2009 年，华为公司就已经开始进行 5G 的研究，并在 2018 年的时候，正式发布了 5G 的第一个商用版本。

2016~2018 年，是我国 5G 通信标准的制定阶段。2016 年 1 月，工信部在"5G 技术研发试验"启动会上宣布正式启动 5G 研发试验，分为关键技术验证、技术方案验证和系统方案验证三个阶段推进实施。2018 年 12 月，随着 5G 频谱资源分配方案的公布，三大运营商在 5G 中低频段的频谱资源格局基本形成。

2019 年被作为 5G 商用元年。2019 年 1 月，国家发展改革委、工业和信息化部等部门联合印发了《进一步优化供给推动消费平稳增长 促进形成强大国内市场的实施方案（2019 年）》，提出"加快推出 5G 商用牌照"。

2020 年我国将实现 5G 通信的规模商用。2020 年 4 月 8 日，中国移动、中国电信、中国联通联合举行线上发布会，共同发布《5G 消息白皮书》，见证 5G 消息业务开启新篇章。

2. 国外 5G 技术的发展

美国在 2018 年 9 月推出"5G 加速发展计划"，在频谱、基础设施政策和面向市场的网络监管方面为 5G 发展铺平道路。美国最大的电信运营商 Verizon 是美国首个 5G 运营商。美国电话电报公司（AT&T）正在 19 个城市进行 5G

网络覆盖。美国高通是全球 3G、4G 与 5G 技术研发的领先企业,目前已经向全球多家制造商提供技术使用授权。可见早期的 5G 服务已在美国启动并运行,但仍受制于"5G 商用手机尚未商用上市"。

韩国在 2018 年 12 月 1 日成为全球首个 5G 网络商用国,当日零点,三大移动通信运营商 SKtelecom、KT、LGU + 共同宣布韩国 5G 网络正式商用。2019 年 3 月,韩国三大移动通信商拟正式推出面向个人用户群体的 5G 服务后,韩国 5G 面向企业和个人用户提供服务。

日本运营商计划在 2020 年实现 5G 商用,目前正在积极推动以 eMBB 为主的应用研究。日本总务省定义了 13 种 5G 应用,重点研究车联网、远程医疗、智能工厂、应急救灾等应用的新型商业模式。为配合 2020 年东京奥运会和残奥会的举办,日本各运营商将在东京都中心等部分地区启动 5G 的商业利用,随后逐渐扩大区域。日本预计在 2023 年将 5G 的商业利用范围扩大至日本全国,总投资额或达 5 万亿日元。

欧洲联盟在 2012 年成立由爱立信领衔的 5G 研发机构 METIS。在 2013 年 2 月西班牙巴塞罗那举行的移动世界大会(Mobile World Congress)期间,爱立信用 5G、"超级城市互联"和"机遇之窗"等主题展示了 2020 年以后的高速互联网络社会的样子。在"5G 系统"中,爱立信展示了如何用可持续和低成本的方式来有效管理全球 500 亿的连接。在"互联超级城市"中则演示了 ICT(Information Communication Technology)如何能提高安全性和创造性,为占世界 70% 的人口城市提供可持续性的发展。

10.2 虚拟电厂通信方式

10.2.1 物联网通信技术简介

蓝牙是一种无线技术标准,可实现固定设备、移动设备和楼宇个人域网之间的短距离数据交换。蓝牙可连接多个设备,克服了数据同步的难题。其优点是低功率、便宜、低延时。缺点是传输距离短、传输速率一般、不同设备间协议不兼容。

ZigBee 与蓝牙技术不同，是一种短距离、低功耗的无线通信技术，它是一种低速、短距离传输的无线网络协议。缺点是穿墙能力弱、自组网能力差。

GPRS 是一种利用 GSM 网络中未使用的 TDMA 信道，提供中速的数据传递的通用分组无线服务技术。其优点是接入时间短、传输速率高，缺点是耗电量高、易丢包。

WiFi 是一种允许电子设备连接到一个无线局域网的技术，其优点是速度快、可靠性高、无线电波的覆盖范围广。缺点是耗电量高。

Nb-Iot 是基于蜂窝的窄带物联网。其优点是海量连接、有深度覆盖能力、功耗低。缺点是成本高。

LoRa 是一种基于扩频技术的超远距离无线传输方案。其优点是远距离、低功耗（电池寿命长）、多节点、低成本。缺点是速率低。

5G 的性能目标是高数据速率、减少延迟、节省能源、降低成本、提高系统容量和大规模设备连接，将有助于解决上述各种技术的瓶颈问题。

10.2.2　虚拟电厂的通信需求

虚拟电厂的三项关键技术：协调控制技术、智能计量技术、信息通信技术，都与信息通信技术息息相关。

通信网络需要能够满足从自动抄表、分布式能源控制到电子集成等各种应用的需求。

随着网络攻击的威胁的增加，停电恢复解决方案至关重要，快速故障定位和网络自愈是对智能电网的基本要求。在有源网络中，对故障的快速响应要求保护功能以非常短的延迟相互通信，判断故障点并迅速断开连接，避免故障电流馈入。

通信系统能够在保护的操作期间阻止其他保护装置动作，从而使故障断开区域最小化。并要求故障期间的电网拓扑结构可以轻松重组，从而可以尽快地进行电源恢复。

分布式能源集成需要对可再生能源的馈入进行控制，以避免系统过载。可再生能源的生产是不确定的，而且，相比于以核燃料或化石燃料为动力的发电厂，可再生能源的生产更为分散，为了优化可再生能源的使用、避免停电，将需要实时动态的电流路由，也需要新的配电网络监督和控制网络。监督和控制网络需要能实时地传输和处理分布式数据，如仪表的测量值，使基础架构与其他部门相互协作，发挥分布式数据的传输和处理的价值。

智能电表和聚合网关的测量间隔不断地向着越来越短的方向发展，要求通信网络能够携带足够的数据量，比如上万规模用户的短数据包。

在电动汽车能进行可再生能源充电的地区，交通运输对二氧化碳生产的影响急剧下降。为了将电动汽车的充电需求整合到能源基础设施中，需要实现充电站和电动汽车的近实时通信，这也是虚拟电厂基础设施优化的新选择。

10.2.3　虚拟电厂通信技术现状

虚拟电厂采用双向通信技术，它不仅能够接收各个单元的当前状态信息，而且能够向控制目标发送控制信号。应用于虚拟电厂的通信技术主要有基于互联网的技术和无线技术。基于互联网的技术如基于互联网协议的服务、虚拟专用网络、电力线路载波技术等。无线技术如全球移动通信系统/通用分组无线服务技术、3G 等。在用户住宅内，WiFi、蓝牙、ZigBee 等通信技术构成了室内通信网络[3]。

根据不同的场合和要求，虚拟电厂可以应用不同的通信技术。对于大型机组而言，可以使用基于 IEC 60870-5-101 或 IEC 60870-5-104 协议的普通遥测系统。随着小型分散电力机组数量的不断增加，通信渠道和通信协议也将起到越来越重要的作用，昂贵的遥测技术很有可能将被基于简单的 TCP/IP 适配器或电力线路载波的技术所取代。在欧盟 VFCPP 项目中，设计者采用了互联网虚拟专用网络技术；荷兰功率匹配器虚拟电厂采用了通用移动通信技术（UTMS）无线网通信技术；在欧盟 FENIX 项目中，虚拟电厂采用了 GPRS 技术和 IEC 104 协议通信技术；德国 ProViPP 的通信网络则由双向无线通信技术构成。

10.3　5G 时代的虚拟电厂 ◀◀◀

虚拟电厂的三个阶段分别为邀约型阶段、市场型阶段和跨空间自主调度型虚拟电厂阶段。目前在德国、日本已有第三阶段虚拟电厂的实现案例，我国进展最快的冀北试点处于第二阶段，其他各省试点大多处于第一阶段。不同阶段的跨越离不开技术的支撑，预期5G 的高性能和灵活架构将使通信基础设施能够支持 2020 年及以后新兴的能源应用场景。虚拟电厂中众多的分布式发电和储能系统就是 5G 技术的受益者。中国在 5G 技术方面的发展优势，有助于引领虚拟电厂发展阶段的跨越。

10.3.1　虚拟电厂通信技术的困难

数据流量的需求大幅增长、终端接入数量及种类大量增加。随着物联网技术的发展，未来会出现大量区别于传统通信设备的无线终端设备与传感器，包括车联网、智能监控摄像、智能电网等。

计算能力和响应速度的要求高。虚拟电厂能够集成分布式能源系统并进行有效控制，传统的控制方法分为集中控制、分布式控制和混合控制。传统的虚拟电厂通常由集中控制方法控制，控制策略是通过云计算获得的，这就对云计算能力提出了挑战[4]。同时，需要通信系统能够满足快速的信息上传下载要求。

服务可靠性方面，新的通信技术服务可靠性将必须比当前的无线接入网高几个数量级，例如，对于低于5ms 的网格主干通信网络域，每年可接受的停机时间不得超过 5min，并且要求数据速率为 Mbit/s 甚至 Gbit/s。当同时必须满足关键应用设置的苛刻等待时间要求时，现有的 4G 技术可能无法保证 6%～10% 以下的丢包概率。

应用日趋丰富。由于虚拟电厂通信需求的不断提高，将会催生各种便捷的应用，鉴于这些应用涉及控制、保护和计量的各个方面，所以不同的应用对通信系统的可靠性和有效性要求也各不相同。

成本与环境保护方面。在未来，网络一定朝着低成本化发展，即在保证服务质量的前提下，运营商部署及维护网络设备的成本达到最低，同时考虑二氧化碳的排放量。

10.3.2　5G 为虚拟电厂助力

为虚拟电厂赋能的 5G 技术，不可简单地理解为一种性能更好、速度更快、数据更多的 4G 技术。5G 技术的核心竞争力是其在移动高频需求下的不可替代性。第一代邀约型虚拟电厂的邀约频率不高，对响应的要求也不高。第二代市场型虚拟电厂，为了使各类可调资源实时地参与市场交易，开始需要大并发量、低时延的信息快速双向安全传输的通信方式。而第三代跨空间自主调度型虚拟电厂，要实现跨空间、全自动，必然要借助大量的机器人、自动化巡检设备，此外还要考虑电动汽车联网，这些设备均是移动且高频唤起的。移动高频的需求，以往任何一种技术都难以实现，5G 技术就成为推动虚拟电厂阶段性发展的关键技术。

随着虚拟电厂的发展，对高效可靠的通信解决方案的需求将会更高。虚拟电厂网络中的设备当前在介质中没有通信或测量设备，相对于纯粹基于光纤的通信系统而言，5G 可以提供经济上更为可行的无线解决方案。而且与 4G 相比，5G 能源网络的分散性更高。这样，可以为未来的虚拟电厂提供更多的保护、控制和监视功能，从而改善电能质量、减少停电面积、简化电网部署，并减少对城市地区的环境影响。

虚拟电厂对网络时延有较高的要求，而 5G 的场景应用 uRLLC，就契合虚拟电厂的使用需求，能够满足网络时延低至 1ms，同时能够满足较高的可靠性需求。网络能够在极短的时间内对数据进行响应，对故障进行快速定位，使保护功能以非常短的延迟相互通信。在实际应用中，国网冀北泛在电力物联网虚拟电厂示范工程已经利用 5G 技术成功地实现了秒级响应。

2019 年 12 月 11 日，国内首个虚拟电厂——国网冀北泛在电力物联网虚拟电厂示范工程投入运行，该虚拟电厂通过先进的信息通信技术和软件系统，可以实现分布式发电、储能系统、可控负荷、电动汽车等的协调优化，以此参与电力市场和电网运行的电源协调管理系统。在服务"新基建"方面，率先在张家口试点采用5G技术，实现蓄热式电锅炉资源与虚拟电厂平台之间大并发量、低时延的信息快速双向安全传输。国网冀北泛在电力物联网虚拟电厂示范工程的投运启动，背后有优质高速的5G网络做支撑，实现了秒级感传算用和亿级用户能力的飞跃，实现电网内外部信息深度交互，打造了开放共享的新业态。

虚拟电厂通信的数据流量巨大，终端接入数量及种类众多，未来会出现大量区别于传统通信设备的无线终端设备与传感器，包括车联网、智能监控摄像、智能电网等。5G技术可以有效地支持统一基础架构中的所有服务和扇区，同时提供足够的灵活性，以部署特定的虚拟网络功能，并确保专用技术的性能满足应用要求，例如每个扇区/域的恒定等待时间。山东青岛已经应用5G技术成功地实现了5G智能分布式配电自动化、输变电智能巡检、配电态势感知、5G基站削峰填谷供电等多项应用。

2020年7月11日，山东青岛供电公司与中国电信青岛分公司、华为技术有限公司联合打造的5G智能电网项目建设完工。有了5G智能电网，电力工作人员通过超高清摄像头监控输电线路和配电设施，能够及时地发现故障隐患，节省了80%的现场巡检人力物力。在传统情况下，电力系统故障识别和定位时间较长，需要断电的范围也较大，恢复供电的周期以天为单位。通过5G技术的超低时延和超高可靠性，停电时间已经从分钟级缩短到秒级甚至毫秒级，电网线路故障能够快速定位、隔离和恢复[5]。

参 考 文 献

[1] 张平，陶运铮，张治. 5G若干关键技术评述 [J]. 通信学报，2016 (07)：15-29.

[2] 欧盟成立METIS研发5G 2020年进入5G时代 [J]. 移动通信，2013 (09)：68.

[3] 卫志农，余爽，孙国强，等. 虚拟电厂的概念与发展 [J]. 电力系统自动化，2013，37 (13)：1-9.

[4] Dawei Fang, Xin Guan, Lin Lin, et al. Edge intelligence based Economic Dispatch for Virtual Power Plant in 5G Internet of Energy [J]. 2020, 151：42-50.

[5] 侯琳良. 国内最人规模5G智能电网建成 [EB/OL]. http://iot. china. com. cn/content/2020-07/22/content_41228561. html.

第11章

区块链在虚拟电厂的运用

11.1 区块链概述

11.1.1 区块链技术简介

根据中国人民银行印发的《区块链技术金融应用评估规则》，区块链是"一种由多方共同维护，使用密码学保证传输和访问安全，能够实现数据一致性、防篡改、防抵赖的技术"[1]。

从具体的实现方式上看，区块链是一种将数据区块以时间顺序相连的方式组合成的分布式数据库（或者叫分布式账本）。分布式包含两层意思：一是数据由系统的所有节点共同记录，所有节点既不需要属于同一组织，也不需要彼此相互信任；二是数据由所有节点共同存储，每个参与的节点均可通过复制获得一份完整的记录。

如果区块链被视作一个账本，区块链中的每个区块可以视作一页账，区块通过记录时间的先后顺序链接起来就形成了"账本"。一般来说，系统会设定每隔一段时间间隔就进行一次交易记录的更新和广播，这段时间内系统全部的数据信息、交易记录被放在一个新产生的区块中。如果所有收到广播的节点都认可了这个区块的合法性，这个区块将以链状的形式被各节点加到自己原先的链中，就像给旧账本里添加新一页。

区块链作为一种分布式系统，包括 P2P 网络技术、共识机制技术、密码学技术。一是 P2P 网络，即点对点网络，P2P 网络作为分布式网络，网络上的各个节点可以直接相互访问而无须经过中间实体，同时共享自身拥有的资源，包括存储能力、网络连接能力、处理能力等；二是共识机制，即区块链作为分布式系统需保证系统满足不同程度的数据一致性，为了实现数据的一致性，需要用到共识算法；三是密码学，即为保障区块链数据构造、传输、存储的完整和安全，区块链技术使用了大量的密码学技术和最新的研究成果，诸如哈希算法、非对称加密算法等。

从区块链的核心技术来看，区块链的特点主要有以下几点：一是共识机制，即保证最新区块被准确地添加至区块链，各节点存储的区块链信息一致不分叉；二是不可篡改，即网络节点达到一定规模后，链上数据难以被修改（不是 100% 不能篡改，只是代价极高）；三是可追溯，即分散的数据库，记录每笔交易的输入输出，追踪资产数量变化和交易活动；四是规则全透明，即技术基础开源，交易方私有信息被加密，链上数据开放。

图 11-1 所示为区块链应用的功能架构，由图 11-1 可知，区块链提供的功能主要是基础层、核心层、服务层、用户层这四层功能，以及跨层的，支撑诸如开发、运营、安全、监管和审计等工作的功能。

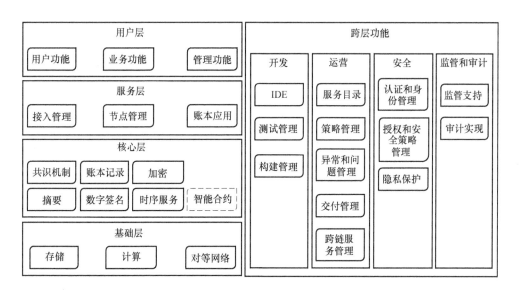

图 11-1　区块链应用的功能架构

图 11-2 所示为区块链应用的协作模式，由图 11-2 可知，区块链的参与方主要是区块链服务提供方、区块链服务客户、区块链服务关联方。其中区块链

服务客户也可以定制化、管理、集成区块链服务，并对外提供应用服务[2]。

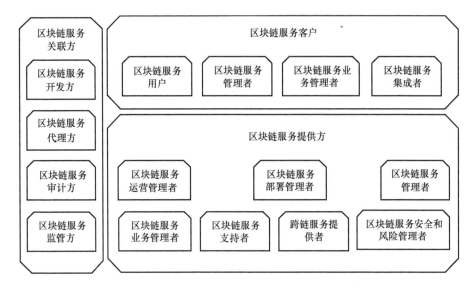

图 11-2　区块链应用的协作模式

从区块链应用的控制方式来看，区块链可分为公有链、联盟链和私有链。公有链就是完全对外开放，任何人都可以任意使用，没有权限设定，无需身份认证。联盟链是指介于公有链和私有链之间，多个机构共同管理，加入需要申请和身份验证。私有链指的是与公有链相对，不对外开放，仅限于组织内部使用。

11.1.2　区块链技术的发展

2008 年，第一个真正意义上的数字货币——比特币诞生。随着比特币的成功，其核心支撑技术——区块链逐渐被人们重视和发掘。

自 2008 年问世以来，区块链技术的发展大致可以分为三个阶段：

1）数字货币阶段（2008～2013 年）。在这个阶段，以比特币为代表的加密货币得到了长足发展，区块链在这个阶段的特点是功能简单（仅记账）、性能差（仅支持每秒数十条交易）、能耗高（PoW 共识机制需要消耗大量的算力）。

2）金融应用阶段（2014～2018 年）。在这个阶段，出现了以以太坊为代表的区块链金融应用；能进一步消除信任成本的智能合约被加入到区块链中；在原有的 PoW（工作量证明）机制之外，还出现了 PoS（权益证明）、PBFT（实用拜占庭容错）等性能更好、更适用于商业场景的区块链共识机制。

3）价值互联网阶段（2019 年至今）。在这个阶段，区块链应用开始逐步与物联网、人工智能、云计算等技术融合，通过自动化计价来衡量每个参与者的价值贡献，用智能合约来分配价值，实现自动化的数字资产的分配与交换。

区块链智能合约技术是一个能够自动执行事先约定合约条款的系统程序，即预先设置好程序，在运行过程中根据内外部信息进行识别和判断，当条件达到预先设置的条件时，系统自动执行相应的合约条款，完成交易，可有效地缓解现实中合约执行难的问题。

11.1.3　区块链的重大意义

鉴于区块链的巨大潜力，2016 年 1 月，第 46 届世界经济论坛达沃斯年会将区块链与人工智能、自动驾驶等一并列入"第四次工业革命"。

2019 年 10 月 24 日，习近平在中央政治局第十八次集体学习时强调把区块链作为核心技术自主创新重要突破口加快推动区块链技术和产业创新发展。2020 年 4 月 20 日，国家发展改革委明确将区块链列入"新技术基础设施"（"新基建"）。新基建分为核心层、智能化软硬件基础、配套应用设施和补短板基建四层。区块链和 5G、大数据、人工智能、云计算、物联网等技术一起，构成了新基建的核心层。而在核心层当中，区块链又是其中的基础和其他技术的驱动力：区块链技术可以为大数据技术提供数据确权，为 5G 技术提供数据保护，为人工智能技术提供数据分析，为云计算技术提供可靠的数据来源，为物联网技术提供去中心化运维。因此可以说，区块链技术是"新基建中的基建"。

2020 年 4 月 9 日，中共中央、国务院印发了《关于构建更加完善的要素市场化配置体制机制的意见》。这是中央颁布的第一份关于要素市场化配置的文件。这份文件的一大亮点在于，数据和土地、劳动力、资本、技术一起，被视为生产要素，并明确要求加快培育数据要素市场、推进政府数据开放共享、提升社会数据资源价值、加强数据资源整合和安全保护。从本质上来说，新基建其实就是数字经济基建，其中，数据是关键性的生产资料。传统基建的实质，其实就是生产资料和产品的再分配。因此在新基建中，也是要实现数据的再分配。在这个过程中，能够解决数据确权问题的区块链技术，将扮演十分重要的角色。

11.1.4　国内区块链政策情况

我国区块链政策的发展大体经过了以下几个阶段：

1）严格监管（2013~2014年）。代表性的政策是2013年12月5日中国人民银行、工业和信息化部、中国银监会、中国证监会和中国保监会联合印发的《关于防范比特币风险的通知》。

2）积极研究（2015~2016年）。这段时间中国人民银行开始着手研究数字货币，区块链被列入国务院印发的《"十三五"国家信息化规划》中。

3）打击非法融资（2017~2018年）。2017年9月4日，七部委（中国人民银行、中央网信办、工业和信息化部、工商总局、银监会、证监会、保监会）发布了《关于防范代币发行融资风险的公告》。

4）纳入国家战略（2019~2020年）。中国人民银行推出基于区块链技术的数字货币DCEP，国家发展改革委将区块链列入了"新基建"。

截至2019年底，国家及各地方政府发布的区块链相关政策已超280余项。国家层面区块链最重要的几项政策见表11-1。

表 11-1　国家层面区块链最重要的几项政策

时　间	发文单位	标　题
2016年12月	国务院	《"十三五"国家信息化规划》
2017年6月	中国人民银行	《中国金融业信息技术"十三五"发展规划》
2017年9月	中国人民银行等七部门	《关于防范代币发行融资风险的公告》
2018年8月	银保监会等五部门	《关于防范以"虚拟货币""区块链"名义进行非法集资的风险提示》

（续）

时　间	发文单位	标　题
2018 年 9 月	最高人民法院	《关于互联网法院审理案件若干问题的规定》
2019 年 1 月	国家互联网信息办公室	《区块链信息服务管理规定》
2019 年 9 月	中国人民银行	《金融科技发展规划（2019—2021 年)》
2017 年 5 月	工业和信息化部	《区块链和分布式账本技术参考架构》
2018 年 2 月	工业和信息化部	《区块链数据格式规范》

国家颁布的一些法律法规，尽管没有专门针对区块链，但同样为区块链的发展奠定了坚实的基础。国家颁布电子信息方面的法律法规见表 11-2。

表 11-2　国家颁布电子信息方面的法律法规

时　间	发文单位	标　题
2004 年 8 月	全国人大	《电子签名法》
2011 年 1 月	国务院	《计算机信息系统安全保护条例》
2011 年 1 月	国务院	《互联网信息服务管理办法》
2016 年 11 月	全国人大	《网络安全法》
2018 年 8 月	全国人大	《电子商务法》

截至目前，我国尚未出台区块链领域的国家标准，但中国区块链技术和产业发展论坛出台了一些团体标准，对区块链架构、数据格式和应用进行了规范，这对中国区块链技术的有序发展和成功应用具有重要的意义。见表 11-3。

表 11-3　中国区块链技术和产业发展论坛出台团体标准

时　间	发文单位	标　题
2017 年 5 月	中国区块链技术和产业发展论坛	《区块链 参考架构》
2017 年 12 月	中国区块链技术和产业发展论坛	《区块链 数据格式规范》
2018 年 12 月	中国区块链技术和产业发展论坛	《区块链 智能合约实施规范》
2018 年 12 月	中国区块链技术和产业发展论坛	《区块链 隐私保护规范》
2018 年 12 月	中国区块链技术和产业发展论坛	《区块链 存证应用指南》
2019 年 7 月	中国区块链技术和产业发展论坛	《区块链 隐私计算服务指南》
2019 年 7 月	中国区块链技术和产业发展论坛	《区块链 跨链实施指南》
2019 年 12 月	中国区块链技术和产业发展论坛	《区块链 对象传输协议》

2019 年，全球 82 个国家、地区、国际组织共发布了超过 600 项区块链相关的政策和标准，其中我国共发布了 284 项，接近全球总数的一半。

11.1.5 国内区块链的研究情况

中国的区块链技术发展水平位居世界前列。

截至 2019 年底，我国区块链研究机构数量已达 97 家，布局区块链技术研究的高校已有 24 所。

以公链为基础的百度、京东、阿里巴巴等企业，以联盟链为基础的微众银行、万向区块链等企业在底层技术研发方面趋向自主研发，共识机制逐渐从单一算法走向混合共识，安全多方计算、同态加密、零知识证明等密码学算法不断地融合应用，为区块链在各领域中的广泛应用打下了深厚的基础。

从专利申请的数量来看，2019 年，阿里巴巴以 1505 件排名第一，腾讯和中国平安分别以 724 件和 561 件分列专利申请数量的第二、三名。

从专利授权的数量来看，截至 2020 年 4 月，区块链领域全球授权专利数量排名中，阿里巴巴以 212 项高居榜首。

11.1.6 国内区块链的应用情况

在区块链实际应用方面，截至 2019 年底，我国提供区块链产品、解决方案和专业技术支持等服务的企业共有 1006 家，国内区块链应用案例数已达 710 个，其中 2019 年落地的应用约占五成。

区块链在国内的应用领域十分广泛，其中金融领域的应用案例最多（覆盖支付清算、供应链金融、资产证券化、征信与风控等），电子政务应用正由点到面逐步铺开，电子存证、公益慈善、医疗健康领域、物流领域的应用正快速发展，工业制造的应用已开始起步。

2019 年，我国区块链软件和信息技术服务产业规模约 12 亿元，区块链硬件（如"挖矿设备"等）产业规模约 400 亿元，占据了全球 90% 以上的市场份额。

11.2　区块链在虚拟电厂中的应用潜力 ◂◂◂

11.2.1　概述

从外部看，虚拟电厂和常规电厂类似，可以对外提供电能，以及需求响应和辅助服务等；从内部看，虚拟电厂实际上是聚合了大量的可控负荷（如电动汽车）及分布式发电设施，不仅可以通过协调这些资源对外统一提供服务，还可以在这些资源之间开展分布式电力交易。

图 11-3 描述的是虚拟电厂及相关业务场景之间的逻辑关系（虚线部分在本报告中没有单独研究）。

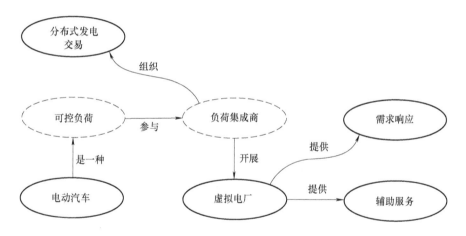

图 11-3　虚拟电厂及相关业务场景之间的逻辑关系

在本节中，我们将分别讨论区块链技术在这些业务场景中的应用潜力。

11.2.2　虚拟电厂

开展虚拟电厂业务面临的主要问题是：

1）虚拟电厂需要聚合不同区域的分布式能源，因此需要应对绿色能源的随机性、波动性、间歇性的特点，所以在虚拟电厂进行分布式能源的动态组合时很难达到理想的利用率和整体效益。

2）目前虚拟电厂中的利益分配机制是不对外界公开的，分布式能源和虚拟电厂之间无法形成信息对称的双向选择，使得在电力交易过程中信用成本增加，交易成本较高。

3）缺乏一套针对虚拟电厂信息安全的保障体系，存在关键数据的非授权获取和恶意篡改风险。

区块链技术的特点和虚拟电厂的特点及发展理念存在着相似之处，因此可以有效地解决上述问题：区块链技术具有去中心化、协同互补的特点，这与虚拟电厂在地域上的分散性和运行调度上的协调性有一定的相似之处；虚拟电厂在发展过程中，其控制结构逐渐从集中控制型向完全分散型发展，而区块链中不存在强制性控制中心，却能通过共识算法保证内部各节点协调工作、共同完成任务；区块链内部各区块具有相同的权利与义务，共同协作维护整个系统的稳定运行，这与虚拟电厂内部各分布式能源分布分散、个体之间协调互补、平等参与电网调度的特性相适应。

基于区块链高效打通储能、电动车、虚拟电厂等分散的源荷终端，为源荷高效互动管理奠定了技术基础。应用智能合约实现源荷互动交易申报、出清、执行、补偿等环节全部链上运作，经多方共识，保证源荷互动交易的透明度和可信度，能培育良好的市场生态。

纽约的 LO3 Energy 一直在进行能源、清洁技术和公用事业领域中分散式业务运营的区块链技术开发。2019 年 2 月，京瓷公司宣布，目前正在日本横滨使用区块链系统测试基于太阳能＋储能系统的虚拟电厂，其中区块链系统的供应商为美国 LO3 Energy 公司。

虚拟电厂与各分布式能源往往分属多个不同的主体，交易成本较高。通过整合区块链技术，虚拟电厂可成为公开透明、公平可靠的资源整合及交易平台。为了更好地发挥区块链技术的优势，虚拟电厂在引入区块链技术时应考虑：

1）重视智能合约。可以预见，在将来虚拟电厂和分布式能源之间的合作会逐步转变为双向选择，即不仅虚拟电厂可以选择纳入哪些分布式能源，分布式能源也可以选择加入哪个虚拟电厂。为了尽可能多地纳入更多、更合适的分布式能源，这个选择过程需要可以快速、自动化地完成。建议虚拟电厂利用区块链的智能合约来将合作条款数字化、标准化，以便于虚拟电厂和分布式能源之间自动开展询价、报价、签约，以及最后的结算。

2）紧密结合区块链和物联网。在虚拟电厂中，位于各分布式能源处的物联网终端会采集大量的实时数据。建议虚拟电厂选择联盟链（或者"开放联盟链"），在区块链上完整地存储这些实时数据、全部的调度指令，以及来自于系统外部的实时电价等数据，充分利用区块链上信息的透明性和不可篡改性，为利益分配提供坚实的基础。

11.2.3　需求响应

电力负荷高峰往往持续时间较短（负荷超出最高负荷 95% 的时间，每年一般不超过 50 个小时），为了满足这部分需求而增加的发电和输配电投资利用率很低，十分不经济。通过减少或者延迟需求侧在高峰期的用电负荷，并给予合理的补偿，从社会整体来看更为经济。这就是需求响应。

需求响应除了可以用来"削峰"，还可以用来"填谷"，即在凌晨等用电低谷期，为了避免火电机组停机带来额外的损失，鼓励用户多用电，并给予合理的补偿。

需求响应是虚拟电厂对外提供的最重要的服务。

开展需求响应业务要面临的几个主要技术问题是：

1）需求响应牵涉到系统运营方（电网）、负荷集成商、各分布式能源等大量主体，并且需要在这些主体之间建立可靠的信任。

2）需求响应业务还牵涉到来自物联网设备和外部系统的大量实时数据，需要确保这些数据完整、真实、及时。

3）实时需求响应的频次高，但单次金额小，需要能自动化地签约、自动化地结算。

区块链是一种新型共享数据库，存储于其中的数据或信息具有不可伪造、全程留痕、可追溯、公开透明等特征。基于这些特征，区块链技术奠定了坚实的信任基础，构建了可靠的合作机制。

电网发布响应时间区间和负荷需求后，系统根据事先与用户协商的边界条件，并结合当前的负荷情况，自动计算最优响应策略，通过智能合约自动生成电子约定。电网和用户根据实时需求调整用能行为，执行情况被全过程实时记录，形成不可篡改的数据记录。

南方电网公司广东中调和东莞地调于 2018 年开始对区块链技术电力应用开展研究，并建设了区块链通信服务平台，该平台于 2020 年 7 月 22 日在松山湖智慧能源示范区正式运行，在全省率先实现分布式能源实时需求响应，并颁发了第一张"实时需求响应电子凭证"。

在需求响应业务中应用区块链技术，可以优先应用在身份认证、合约管理、计量数据管理、需求响应效果评估、收益和补贴管理等方面。

1）优先选择双链架构。主链上记录要约、报价、合约、指令、响应等关键业务数据，对数据隐私、安全性、监管等要求比较高，建议采用联盟链方式实现，电网企业、负荷集成商（售电公司）以及分布式能源主体直接加入主链。子链建议以台区划分，各物联网设备分别连接到子链，实时监测数据汇聚到子链上。子链可采用基于一般认证的公链技术。

2）平台需要监管方的参与。完全去中心化的智能合约的争议处理难度较大。最好在合约框架的制定、合约签订、合约履行、权威外部数据等环节引入监管者参与，以为智能合约提供必要的法律保障。

11.2.4 辅助服务

电力辅助服务是指为维护电力系统的安全稳定运行，保证电能质量，除正常电能生产、输送、使用外，由发电企业、电网经营企业和电力用户提供的服务。包括一次调频、自动发电控制（AGC）、调峰、无功调节、备用、黑起动等。（调峰严格地说不属于辅助服务。）

电力辅助服务也是虚拟电厂对外提供的重点服务之一。

区块链作为低成本的无中心化共识方案，可以为辅助服务市场交易进行公证，建立服务购买者、服务供应商之间交易的场外注册机制，达成辅助服务市场中各参与实体之间的分区共识，在实现分布式决策的同时兼顾效率。

参与辅助服务市场的电力用户资产认证、登记、注册，辅助服务交易、专项资金补贴、违约合同罚款等，均记入辅助服务市场的总账本，由电力企业、分布式能源、负荷集成商、政府以及其他第三方机构共同记账，所有信息、数据可以追溯，并且无法更改。

在区块链系统上，辅助服务需求可以以智能合约的方式通过区块链向全网参与者发布，辅助服务需求既可以由调度机构发布，也可以由发电企业根据电站的需求自行发布。

参与辅助服务市场的分布式能源、负荷集成商无需中介的参与就可以实现交易双方的直接交互，从而提高交易的效率。

基于区块链系统，调度机构就可以全面实时地了解电力系统的运行状况，并做出基于综合效益最大化的辅助服务调度方案，并且所有参与节点都可以通过区块链了解系统真实的运行情况。

此外，通过区块链技术智能合约机制与电网企业未来的大数据平台平滑对接，可以实现电力辅助服务交易过程中与气象数据、用户行为数据等系统的联动，通过对多系统数据的分析预判电网的运行状态，从而科学准确地发布相关数据并提供部分决策支撑，并以此为据作为电力辅助服务市场的交易参考。

2020 年 5 月，美国住宅储能提供商 Sunverge 公司宣布，计划为马里兰州公用事业厂商 Exelon 公司的子公司 Delmarva Power 公司部署由住宅太阳能 + 储能系统构建的一个虚拟电厂项目，除出售电能外，还将参加辅助服务市场，为电网提供电压/无功优化、无功功率支持、频率响应和频率调节等服务。

同样在 2020 年 5 月，国网青海省电力公司依托"国网链"打造新一代共享储能模式，开辟我国首个区块链共享储能市场。区块链这一底层技术，以其独特的去中心、去信任、集体维护、数据透明、可信的特性，刚好迎合了储能调峰辅助服务技术支撑的急切需求，储能的分散式布局、紧急快速响应、充放电电量的精准匹配，无一不是区块链技术的完美应用场景。如今，国网青海省电力公司基于区块链的共享储能辅助服务交易平台能够自动组织新能源企业开展交易，将新能源电量储存至共享储能电站。区块链技术自动匹配最优解，让新能源企业共享了储能资源，实现新能源最大化消纳，通过市场化收益分配实现多方共赢。

11.2.5　分布式发电交易

分布式发电是指接入配电网运行、发电量就近消纳的中小型发电设施，例如光伏电站、小型风力发电站、三联供燃气机组等。相对于集中式供电，分布式发电具备供电灵活、可就近消纳等优点，可最大程度地节省输配电成本。

分布式发电市场化交易，也被称为"隔墙售电"，是将分布式发电设施所生产的电力就近完成消纳的一种交易形式。分布式发电就近利用清洁能源资源，能源生产和消费就近完成，具有能源利用率高、污染排放低等优点，代表了能源发展的新方向和新形态。

开展分布式发电交易主要面临以下几个问题：

1）常规交易系统存在单点故障的风险，威胁分布式发电交易安全、稳定开展。

2）交易中心与产消者之间存在信任问题，难以保证电力交易的公平性、透明性与信息有效性。

3）大量波动的产消者难以高效地开展交易。分布式发电出力存在较高的波动性和随机性，且居民用户、小型商业用户等一般电力用户的用电需求也存在一定的不确定性。常规交易系统决策耗时长，难以满足实时运行的需求。

具有去中心化、可追溯、交易透明、不可篡改等特性的区块链技术为分布式发电交易面临的问题提供了行之有效的解决方案：

1）从准确计量升级到可信计量。数据储存在区块链上，以确保非篡改公钥和非对称加密组合保护隐私，以此切实保护电能产消者的隐私。

2）从自动控制升级到智能控制。通过以智能合约的形式实现逻辑功能，生成可信的本地命令，完成控制过程以处理外部环境的变化，以此解决交易中心与产消者之间存在的信任问题。

3）从优化决策到民主决策。分布式电力设备之间的本地共识和区域间共识避免了大规模分布式设备的复杂迭代和死循环，以产生直接的共识，从而实现分布式决策，提高交易效率及速度。

4）从单点控制到多点维护。电力产消者采用去中心化和去信任的方式集体维护一个可靠的分布式数据库，而不再依赖于中心机构的单点控制，共同维护分布式电力交易的安全稳定运行。

区块链技术在分布式发电交易场景中的应用模式是：

1）交易撮合阶段。电力用户提出购电请求，分布式发电设施响应需求，最终达成交易意向。基于区块链标准开发的区块链客户端向区块链写入上述过程中的数据信息，包括报价等初始信息和撮合匹配的信息。

2）交易执行阶段。用户的用电信息和分布式发电设施的发电信息全部记录到区块链上。

3）结算阶段。区块链接收到买卖双方的匹配信息后，对交易进行结算，实现资金由买方向卖方的自动转移。在此过程中需要有密码学、智能合约、共识机制等技术的支撑。

2016 年 4 月，美国能源公司 LO3 Energy 与西门子数字电网以及比特币开发公司 Consensus Systems 合作，建立了 TransActive Grid 平台。该项目是全球第一个基于区块链技术的分布式能源交易市场。这个项目允许用户通过智能电表实时获得发电量、用电量等相关数据，并通过区块链向他人购买或销售电力能源。用户不需要公共的电力公司或中央电网就能完成电力能源交易。用户通过手机 APP 在自家智能电表区块链节点上发布相应的智能合约，基于合约的规则，通过西门子提供的电网设备控制相应的链路连接，实现能源交易和能源供给。

2019 年 8 月，由远光软件承担建设的国网山东枣庄供电公司区块链项目，针对旧管理系统无法满足大量增加的光伏结算需求，无法提供竞价交易相关服务等现状，创新设计了一套基于区块链的清洁能源交易结算的信息化解决方案，可以完成分布式光伏电量在不同主体间交易、定价、结算等功能，实现电量的智能化市场竞价交易与即时结算，有效地解决财务数据安全、数据篡改、历史追溯、有效监管、交易信任等方面存在的问题。

11.2.6　电动汽车

电动汽车是指以车载电源为动力，用电机驱动车轮行驶，符合道路交通、安全法规各项要求的车辆。

电动汽车补充电能，有充电和换电两种模式。

在新基建提出后，充电桩和换电站成为助力国家稳增长的重要力量。

电动汽车充电桩共享是破解充电桩建设困局、缓解充电难的创新运营模式。目前，多家运营商推出的私人充电桩共享平台，均采用中心化运营模式，存在以下弊端：

1）运营商主导的中心化平台征信成本高、信用体系脆弱，无法保证充电桩主与电动车主之间点对点直接交易的信用安全。

2）传统的中介商业模式收取高比例的交易佣金，这种模式对充电桩共享这种小额、高频、微利的交易影响较大。

3）一旦中心机构受到攻击，数据可能丢失或被篡改，酿成严重的后果。

4）中心机构掌握市场的所有交易信息，用户隐私难以保障，可能存在利用中心权力损害参与者利益的情况。

区块链技术具有分布式点对点、去中心化、共识信任机制、信息不可篡改、开放性、匿名性等特点，将其用于电动汽车充电运营平台，有利于改善电动汽车的充电体验，有利于对充电桩设施进行有效的管理，也有利于监管部门对基础设施和交易进行核查和监管。

2017年5月，德国的能源公司Innogy通过其电动交通初创企业Share&Charge在德国建成了基于区块链的电动汽车充电平台。该区块链的组成节点包括多个运营商运营的充电桩。用户无须与电力公司签订任何供电合同，只需在智能手机上安装Share&Charge应用，完成用户验证后，即可查找附近的充电桩，并插入Innogy广布欧洲的充电桩上进行充电，电价由后台程序自动根据当时与当地的电网负荷情况实时确定，电费直接支付给充电桩的运营商。由于采用了区块链技术，整个充电和电价优化过程是完全可追溯和可查询的，因此极大地降低了信任成本。

此外，区块链技术的特征与充电桩共享的应用需求具有很好的结合点。

2018年11月，上海国际汽车城与中国信息通信研究院共同成立的区块链联合研究中心对外公布了"基于区块链技术的电动汽车充电链示范项目"，试点落地上海嘉定，意欲实现跨平台充电桩的共建共享。这是中国首个基于区块链技术的共享充电桩项目，也是全球首例依托分时租赁新能源汽车场景研发的区块链技术加共享充电桩的落地应用。

在换电场景中，由于电池是租赁给用户，并且是在各用户之间频繁流转的，因此电池的溯源及生命周期管理尤为重要。换电站可以把电池的制造信息、每次的充电情况、检测情况、安装情况和回收情况都记录到区块链系统上，电动汽车也可以把电池的用电、充电、换电等情况上传到区块链上，从而形成一个可信的电池生命周期明细记录，支撑充电站和电动汽车用户之间的结算，也便于充电站和电池厂商之间高效地开展电池交易。

11.3　区块链应用的关键问题

11.3.1　区块链相关技术的选择

（1）共识技术

共识机制是区块链的核心机制，没有一个可靠的共识机制，就无法在一个去中心化、分布式的网络中确保各节点保持账本数据的一致性。目前主流的共识机制大致可分为 PoW、PoS 和分布式一致性算法三种。

PoW 即工作量证明机制，典型的如比特币所采用的挖矿算法，全网节点比拼算力的方式来竞争每一轮的记账权，比较适合公有链这种节点完全平等且自由进出的场合。PoW 避免了建立和维护中心化信用机构的成本，但是会造成大量的算力浪费，且产生共识的速度（容量）十分有限。

PoS 即权益证明机制，依靠节点所提供的代币数量来竞争每一轮的记账权（权益越大获得记账的机会也越大）。PoS 避免了算力浪费，容量也更高，但也带来了权益集中所带来的中心化问题。DPoS 是基于 PoS 的改进，与 PoS 的主要区别在于节点选举若干代理人，由代理人轮流验证和记账。DPoS 大幅缩小了参与验证和记账的节点数量，容量可以得到大幅度提升，但是本质上存在和PoS 一样的问题。

分布式一致性算法是一类基于传统的分布式一致性技术而演变过来的，比如 PBFT、Paxos、Raft 等。这类算法容量大，且能实现最终一致性或接近最终一致性，但去中心化的程度不如其他共识机制。

在虚拟电厂及相关应用场景中，对于共识机制的选择，应首先考虑安全性、可靠性和容量，因此建议采用分布式一致性算法。

（2）扩容技术

由于在多个分布式节点中达成共识始终存在难度，区块链容量问题天然存在，而且随着节点和交易量的增多日益加剧。目前实现区块链扩容大致有两大类方案：链内扩展（区块扩容、隔离见证、分片等）和链外扩容（侧链、闪电网络、多链互联等）。

在上述方案中，区块扩容和隔离见证方案局限性较大，会造成硬分叉和中心化问题，影响到整个区块链网络的平衡；侧链技术可以很好地帮主链做分流，但侧链作为一条独立运行的链，没有足够算力保证交易和区块链的安全；闪电网络主要采用通道技术，会导致中心化问题；分片技术逻辑简单但技术实现难度大；多链互联可扩展性好，但治理复杂性大幅度增加。

在实际应用中，往往要结合多种扩容技术。对于虚拟电厂及相关应用场景，链外扩容方案，特别是侧链和多链互联，应该是优先选择。

此外，利用普通关系数据库在链外存储区块链上已取得共识的数据，不仅能大大地提升数据查询、分析的效率，也能有效地降低对区块链的压力。

11.3.2　参与方式的选择

（1）各主体参与方式的选择

根据各主体的协作方式，区块链可以分为公共链、联盟链和私有链。公共链中所有的网络节点都是完全平等的，而且是完全对外公开，所有主体都可以参与（可以匿名），是完全意义上的去中心化区块链；联盟链中的关键节点（全节点）由联盟成员构成，其他节点也需要注册许可获得授权才能加入；私有链的参与方一般由内部的不同机构组成，节点完全受控。

在虚拟电厂场景中，由于参与方往往涉及外部主体，因此应优先考虑选择联盟链。

（2）各节点参与方式的选择

在实际应用中，区块链上的数据量可能会变得非常庞大，对节点的处理能力要求会相当高。另一方面，区块链往往会涉及在形态、功能、性能等方面存在很大差异的大量节点，需要根据节点的属性分别承担不同的角色：全节点、中转节点和轻节点。全节点具备完整的账本记录及共识能力，完成数据的验证、同步功能；中转节点具备数据需求的收集和转发能力，完成辖区内数据的采集、分发功能；轻节点负责原始数据的采集、上报，不具备区块链数据的存储能力，只需具备完成简化认证协议（SPV）的能力即可。

在虚拟电厂场景中，应由主要、重要的参与方承担全节点的角色；具备良好通信条件的区域中心设施（如变电站、配电房等）中可以设置承担中转节点角色的节点；各分布式能源的角色均是轻节点。

11.3.3　区块链应用平台的选择

（1）部署在内部还是云上

要建设企业自己的区块链应用，一个最基本的选择是：在企业内部的服务器上部署，还是在公有云上部署？

对于虚拟电厂这个业务场景来说，综合到各主体的合作方式、区块链应用运行和管理的难度、基础架构资源的充足性等各种因素，最适合将区块链应用部署到公有云上，以充分利用公有云的资源和网络通信。

（2）自己搭建还是基于区块链平台搭建

选择了公有云，一种方式是自己搭建区块链应用（基于开源框架，如 Hyperledger Fabric），另一种方式是利用区块链云平台（如国家信息中心组织建设的 BSN 平台，以及众多厂商提供的 BaaS 平台）来构建。这类平台把计算资源、网络通信资源、存储资源，以及上层的用户身份认证能力、区块链记账能力、区块链应用开发能力、区块链配套设施能力转化为可编程接口，让应用开发过程和应用部署过程简单而高效。

前者更适合具有较强的区块链底层开发和控制能力的企业选用，建设周期较长；后者更适合关注行业应用层面的企业，应用能更快上线、更快调整。

（3）平台选择 BSN 还是 BaaS

和 BaaS 平台相比，BSN 进一步封装了区块链的底层技术，使得开发人员无须掌握区块链技术就可以开发和部署区块链应用，不仅上线速度更快，而且成本更低[3]。因此，可以从 BSN 起步，将来必要时可以将应用迁移到 BaaS 上。

（4）选择区块链基础框架

区块链云平台上往往会提供多种区块链基础框架可供选择，如 Hyperleger Fabric、FISCO BCOS 等。Hyperledger Fabric 是个通用框架，定位为跨行业应用。作为先行者，其架构十分成熟，在联盟链方面具有世界范围的领先优势，国内应用也较多；FISCO BCOS 直接支持 AMOP 协议，在金融领域有独到的优势，同时也支持在广泛的其他领域的应用。

11.3.4 区块链的运作和管理

（1）区块链应用的治理机制

这里说的治理，指的是制定和调整准入和退出机制、信用管理机制、业务规则，以及处理异常事件等。理论上，通过智能合约，区块链能实现链上治理。但在实际应用中，完备的链上治理是不存在的，对于尚未成熟的业务更是如此，链下治理不可或缺。

联盟链的治理方式，一般是各主体共同组建一个机构（可以是虚拟的、非常设的机构），对重大问题进行讨论和决策。治理动作和结果经过共识确认，在链上全网生效，公开透明，接受广泛监督，彰显其合理性和公正性。必要时还可以引入监管方和司法仲裁。

（2）链上数据的真实性

区块链技术能保证链上数据是完整的、未被篡改的，但链上的数据是否真实（符合事实），区块链技术是不能保证的。

在虚拟电厂及相关业务应用场景中，数据大致有三类来源：物联网设备上报的量测数据、各主体的决策和操作记录、来自系统外部的参考数据（如天气、汇率等）。

对于第一类数据（物联网设备上报的量测数据），可以采用严格设备准入和安装来确保数据采集的准确性，辅助以多方、多路、多维度数据交叉对照来发现可能的错误或虚假数据。

对于第二类数据（各主体的决策和操作记录），可以采用严格身份认证、"四流合一"（即"信息流、商流、物流、资金流"）交叉印证、第三方公证、及时公示的方式来确保其真实性。

对于第三类数据（来自系统外部的参考数据），可以由链下可信机构来提交这些数据，链上的智能合约统一使用这些经过共识确认的数据，避免出现不一致的情况。

11.3.5　潜在的风险及应对措施

（1）战略风险

区块链是一项基础性的技术，越来越多的关键应用将运行在区块链上，因此区块链及相关技术必须实现自主可控。

由于定位是在"服务层"，要实现应用的自主可控，最重要的是在选择区块链底层平台时只考虑国产平台；其次，对于区块链应用中大量涉及的密码学算法（如对称加密、非对称加密、单向散列算法、数字签名等算法），只选择国密算法；此外，在应用的建设中尽量采用可靠的开源技术，自研部分也可以考虑通过开源来获得更高的可靠性。

（2）安全风险

由于其技术的复杂性，区块链在节点权限控制、私钥管理、智能合约和共识机制等方面存在诸多的安全隐患。作为一个信息系统，区块链应用同样面临传统的安全威胁。

基于区块链基础设施所面临的传统和新技术安全风险相融合的复杂安全局面，对其进行针对性的全面安全评估可助力应对和识别区块链基础设施系统存在的安全风险。

2020 年 7 月 13 日，中国人民银行印发《关于发布金融行业标准推动区块链技术规范应用的通知》，要求各类金融机构定期开展外部安全评估、开展区块链技术应用的备案工作。同时印发的《区块链技术金融应用评估规则》要求对区块链应用从基本要求、性能、安全性这三个维度进行评估，其中的安全性评估是对基础软硬件、节点、账本、共识协议、密码算法、智能合约、身份管理、监管支撑、安全运维和安全治理等进行全方位的安全检测。

对于区块链应用，建议与有资质的评估机构合作，定期开展安全评估，以避免业务发生严重的安全风险，或者在风险发生时能够有效地应对，减少负面影响和损失。

（3）法律风险

基于区块链的应用支撑的是各主体在现实中的商业交易，这些交易是受到法律约束的。然而，在基于区块链的应用中，交易是通过智能合约的自动执行来实现的。由于传统的法律体系还难以有效地处理区块链应用的争议，当前的区块链应用会因法律的界定不明而出现监管真空。

因此，基于区块链的应用不能盲目地追求去中心化和隐私保护，必须建立必要的留痕和审计机制，并为司法机关提供监管机制，以减少项目的法律风险。

参 考 文 献

［1］中国人民银行. 区块链技术金融应用 评估规则：JR/T 0193—2020 ［S］.

［2］中国区块链技术和产业发展论坛. 区块链 参考价格：CBD-Forum-001-2017 ［S］.

［3］区块链服务网络发展联盟. 区块链服务网络基础白皮书 ［EB/OL］. https://www.bsnbase.com/p/main/serviceNetworkDesc? type=BSNIntroduction.

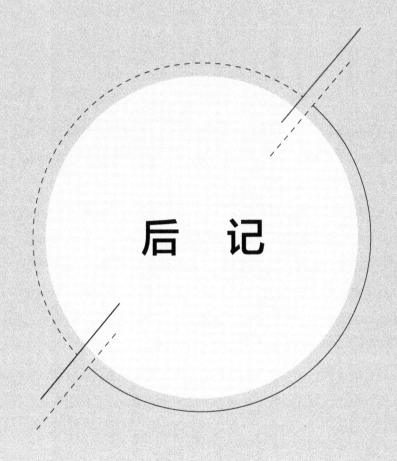

后　记

这一轮电改 5 年来，电力现货市场出现了、辅助服务市场方兴未艾、新能源装机超过了 5 亿 kW，但是人们似乎还一直在能源互联网创新的道路上寻找真正的未来。

走近虚拟电厂，在没有真正的电力市场、没有灵活的分布式能源、没有充分的用户互动、没有勇敢的破局立新的情况下，总给人一种不真实感。而同时让人感到非常神奇的是，一方面人们总是觉得虚拟电厂这样的欧美电力市场化产物在我国难以真正地落地，另一方面又总是对它产生兴趣甚至津津乐道，似乎也不妨碍人们开始一些虚拟电厂的科技创新和示范项目。

"十三五"时期，我国在虚拟电厂方面的科技创新和试点示范多点开花并卓有成效，但是我们并不能满足和驻足于浅尝辄止。如何能够进一步推动虚拟电厂创新并使之成为能源转型和电力市场成熟化的重要主体之一，应该是我们长期的奋斗目标。

虚拟电厂到底是什么？是否就是一个新型的调度工具？如果把虚拟电厂平台和滴滴出行这样的虚拟出租车调度系统相类比的话，我们不能自欺欺人地宣布某城市一个出租车在线调度系统就已经是移动互联的滴滴出行。我们必须认识到，数字化时代下的创新将越来越超越人们的常规认知边界，我们有必要对新事物、新模式抱以开放和敬畏的态度，而不是一味傲慢地质疑。

当年电报取代千里马的时候，是人类第一次面临一个创新不再以所见即所得的方式进行，人们不仅仅是充满了怀疑，而是根本不知道在何种场景之下才需要使用它。直到一次抓捕犯人，电报直接超越火车到达下一个车站，让警察直接请君入瓮，人们才恍然大悟：以前的情报传递体系可以灭亡了，电报真正取代的其实不是千里马，而是那个不具备实时传播可能性的旧信息体系。

这不是人类第一次在创新的过程中成为自己的绊脚石，事实上，后续很多的科技发明都证明这一点：正是因为人们不接受或者超出其旧有的认知边界，才使得事实上根本就无懈可击的技术在创新的道路上伤痕累累，但最终还是以最缓慢的速度被人们全盘接受。虚拟电厂显然也属于此类。

虚拟电厂的产生，几乎是大力推广新能源的能源转型和开放的电力市场发展过程中的必然。大量各式各样的新能源和分布式能源设备并网发电，对电网调度和安全性带来新挑战；负荷端的电热冷综合能源相互转换耦合，电动汽车和家用储能的灵活充放电，以及可调控负荷设备的优化管理和用能转移，为电网的优化运行和区域电力市场的衍生提供了新的空间。这些小规模、分散且多样的灵活能源单元需要一种能够包含接入、整合、协调、优化、调控和管理等各种功能的角色，代理直接参与电网运营和电力市场交易，优化资源配置并提升分布式电源经济规模效益的集合单位——虚拟电厂。

虚拟电厂集合了智能电网和电力市场功能，在未来电力系统和开放电力市场环境下，是能源 + 互联网的切入点，并能形成新型可持续性的商业模式。特别是对以掌握分布式能源为主的未来新型能源公司来说，虚拟电厂将会是其运营模式的重要支柱。

如果没有充分的数字基建和互联网连接，没有大数据和 AI 技术的智能化、智慧化支撑，这一切的确是妄想。

虚拟电厂的应运而生还依赖于日益增高的新能源并网发电比例。因为从经济圈的逻辑上来讲，越高的新能源并网比例就意味着越多的新能源补贴支出，因此采取更优化的竞价上网模式去取代固定补贴制几乎就是在达到一定比例后一定会发生的事情。同时，越来越分散、越小型的发电资源与越来越多变、越来越自由的用户需求对配电网的冲击越来越大。因此，新型的供电公司应当将发电单位、用户与储能链接起来，进行双向或多向式的电力输送。电力网的负荷从原本"由上而下"（top-down）转变到"由下而上"（bottom-up）的模式。从理论上来讲，这就需要建立一个高比例可再生能源同时可兼顾稳定供电的电力系统，进行供电技术、智能技术、新型交易与市场机制各方面的融合与互动，所要达成的主要目标是即使在可再生能源供电达到 100% 的情况下，电力供应系统仍然可以安全稳定地运作，运用信息通信（ICT）技术、智能电表测量系统（Intelligent Meter Measurement System）与能量管理手段（Energy Management Means），为发电与负荷管理创造新的商机。同时，改变电力消费习惯，如弹性用电、价格驱动用电等，并提高用电端电流的精确测量与控制以达到最大精度的负荷侧预测与管理。

为此，发电、电网、储能到消费各方面都必须具备足够的技术条件，随时随地可以在必要的时间、以必要的程度进行智能的供电与用电，确保供电稳定，同时也可以突破传统的供电思维，电网建设将不必为了应付最大输入容量与尖峰负荷需求量而扩建电力网，只需架设最适合当地市场和技术条件的电力网甚至是能源互联网，从而把投资收益和运营回报都提升到极致。至此，过往中心化的调度体系可以开始接受充分技术意义上的挑战。

在"十四五"的能源规划里，2025 年将成为中国能源史上载入史册的一个时间节点：届时中国的火电装机容量将达到 11 亿 kW 的最高点，而此刻风电和光伏的装机容量也恰好达到 11 亿 kW。这当然是人为的设计，而在此之前必然会发生另外一件事：不可能再用补贴的方式去直接补贴给支撑这一切的新能源和储能等新生事物。而如果需要达到《巴黎协定》的环境保护目标，进一步积极发展基于清洁能源的电能替代和能源耦合（Power-To-X），大力提高用能效率，在交通、工业领域的无碳化等这些新趋势也将重构能源系统的运行方式和经济模式。未来的能源系统必将实现以下目标：

- 从集中单一走向分散多元化。
- 从传统持续不断走向可再生间歇波动。
- 从负荷主导走向源网荷互动。
- 从计划调控走向市场化交易。
- 从单边固定价格走向双边灵活定价。

欧美的经验已经告诉我们，管理资源总量超过百万千瓦，集众多功能和角色于一身的虚拟电厂已经完成了从研发、示范到市场推广的验证，被证明是能源互联网落地和能源数字经济的真正载体，扮演着越来越重要的市场角色，并承载着技术创新和模式探索的重任，具体如下：

- 整合发电侧管理、需求响应、储能管理、中央调度、电力交易为一体，参与电力产业链的所有环节并与各个环节的市场参与者形成互动。

- 作为代理人集合大量的分布式和可再生能源发电进行统一的管理和市场交易，有效地结合各种形式的发电模式，优化电力交易的收益。

- 建立运行机制并实现传统能源与新能源之间的互补协同调度与辅助电网的优化运行，以最大程度地平抑新能源电力的强随机波动性，提高新能源的利用率。

- 作为电网和电力市场的协调人，通过分布式电源和灵活负荷实现对电网的安全稳定运行提供辅助支持，在实现智能电网和智能电力市场无缝紧密结合的过程中扮演重要的角色。

- 集成热电联产、热泵以及不同形式的储能技术，与供气网、供热网形成双向的多能源转化和匹配，通过多能源形式之间的转化也可以对供气网和供热网等提供一定的辅助支持。

- 基于掌握的大量发电资源和灵活的市场交易策略，设计灵活的、多样化的电力服务套餐。

这样在能源专业过程中，基本的生产流程和基础技术并没有变，也不需要改变。唯一改变的是商业模式，是从做产品到做平台再到做解决方案的角色的转变。

基于云端的能源管理平台使虚拟电厂运营商作为大量不同分布式能源的运行管理人、交易代理人，同时也是电网和市场的协调人，能够获得包括发电、用电、能源转换、预测、市场交易、电价、电网运行等覆盖整个产业链的海量数据信息，并对接整个电力其至能源产业链的各个环节。拥有这些数据入口的虚拟电厂正是能源互联网的最佳入口。

另外，虚拟电厂坐拥大量的分布式发电资源代理运营权（而非资产所有权），同时也对接需求侧的各类用户和设备，了解其用电习惯和偏好，并深挖电力市场运作和电力交易的规则，同时拥有实际的操作经验，这正是未来每家能源服务企业最梦寐以求的基本要素。虚拟电厂灵活和平台化的管理，特别是为需求端的用户提供更多的增值服务，其实就是一个多元化的综合能源公司，也是售电公司未来发展的方向。

因此，如果说能源互联网的入口是售电公司，那么售电公司的顶梁柱与核心就是虚拟电厂，尤其是在大力发展可再生能源的背景下。虚拟电厂运营将构成售电公司的主要收入来源，主要是以收取电力交易或者系统辅助服务收益的佣金的形式作为盈利来源。比如德国虚拟电厂运营商 e2m 给其客户签订的是按照电力交易收益 25% 的比例收取佣金，75% 的交易收益都归电站或者负荷的拥有者获得。费用部分则是虚拟电厂针对并网服务、提供远程控制终端、接入能源管理平台系统等附加服务的费用，这些费用是事先确定的并以固定分摊费的形式分摊到每一个接入虚拟电厂的客户，但在获取收益的时候却以那些得以被调用和配合的特型用户为主。

说到底，虚拟电厂的本质是要让未来能源服务和运营者手中的牌越来越多：首先是调控风能光伏生物电站的有功和无功出力，下一步就是接入储能并且安排储能余量随时适应动态电力市场，参与一次、二次、三次调频，再下一步就是需求响应调控智能家居、智慧建筑、电动汽车直至工业 4.0，最终到灵活 P2P 电力交易的人人都是售电公司的转变，就如同互联网的世界里，人人都是百货公司可以开网店，人人都是电视台可以开直播。

其最终的目的，实际上遵循的就是整个能源转型的内在逻辑：化整为零、聚沙成塔。物理上的减法使得人们有更多的参与空间，经济上的加法又带来更多的商业模式和可持续发展动力。而这些所有商业模式的背后都是同一种逻辑：可以随时实现最优的、真实的数字化生活。

从这个角度来看，虚拟电厂的推动者或者说这个行业的参与者唯一可以做出的选择是，要不要让虚拟电厂这样一个国外已经验证成功的事物在中国率先成为能源＋互联网转型的排头兵。理论上来讲，医疗、交通、农业这些基础领域也都有类似的创新，具备这样的先天基因，可以在数字化转型大潮中取得突破。

但是，理性照耀我们前进，现实让人成长。我们也无法回避虚拟电厂创新中会出现的各种困难和问题：

1）不断演进的能源转型、不断变化的能源系统和电力市场的法律政策框架迫使虚拟电厂对其商业模式、产品类型以及相应配套的技术系统也都需要随时更新，同时要保证符合最新的法律法规。

2）成百上千个不同种类和特性的分布式发电和储能模块以及负荷单元，千奇百怪的用户习惯，各类地理空间和时间的限制，各种优先级确定和随意匹配的要求，都对虚拟电厂的实时通信、自动调度和交易、优化运营和收益最大化起到关键的影响。

3）未来更多的能源用户将变为小型的自给能源供应单元，也会追求更加个性化的能源电力产品和服务，甚至通过虚拟电厂平台实现点对点交易，成为人人售电公司。而其中的信任机制、数据隐私和安全、溯源管理、质量管控、交易认证、流程优化等，又衍生出全新的要求。

4）越高比例的风、光可再生能源发电意味着越高的不确定性，同时负荷侧的不确定性也对电力市场价格波动带来更大的冲击。比如如果参与提供辅助系统服务并签署了合同，但是又由于新能源发电和负荷不确定性导致的技术问题等原因不能按照协议提供相应的电能，就会受到惩罚性罚款，严重的还可能被禁止继续参与。

5）预测技术的好坏直接影响虚拟电厂运营的结果，调控分布在所属配电系统中参与其方案的用户群无疑是个难点。这就要求电力公司对用户行为进行预测。负荷预测因社会经济因素、地区气候型态，甚至政治观点等因素而产生显著的差异。若将所有用户以相同模式进行预测，将限制电力公司针对那些参与方案的用户较其他用户具有较高配合度及可靠度的推测结果。虚拟电厂由下而上的运作模式可降低今日电力公司面临的预测风险。

6）在设计虚拟电厂整合方案的时候，将用户群依照特定地区或配电关联细分成不同的群体。比如，对于每个电力输入具有重大商业意义的区域或地区，都可以利用各种类型电价模式、需量反应、分散式发电方案设计所需的虚拟电厂。每个虚拟电厂针对所涵盖的区域，就当地所实施方案的类型进行个别的预测。这种更细腻的预测不仅能提高预测准确度，也可以辨别哪些虚拟电厂在被纳入运作后可以有较佳的配合度。同时电力公司对于特定方案的价格反应也可以有更佳的理解。

而应对以上不断变化和扩展的要求和场景，唯有不断在技术创新上寻求突破，而5G、人工智能和区块链必将是未来能源系统中不可或缺的重要支撑技术手段：

1）不论是在未来智慧城市能源系统中海量的用户侧供能、用能和储能设备的接入，上到高楼、下到地下，既需要支持高并发链接的网络和平台，也需要能够快速反应的调控机制；还是地处在地广人稀，有线网络无法触达的新能源电站，既需要即插即用快捷省钱的安装调试，也需要支持安全、可靠、稳定地结合 VR、AR 的 360°远程管理和维护，深度覆盖的未来 5G 网络都能够为虚拟电厂实现高速率稳定通信、低延时调控、海量接入管理提供最优解决方案。

2）作为能源互联网入口和能源数字经济的重要载体，大数据和人工智能也必将是虚拟电厂挖掘包含从发电端到用户端，从光伏、风电到电池及灵活负荷，从用户、市场、环境、社会和技术的海量数据价值，为用户精准画像匹配服务，精准预测波动发用电，实现大量灵活资源最优配置，实时地跟踪和预测市场价格变化，实现自动化、智能化交易，深化精准营销和收益最大化的关键支撑。

3）而在人人都集电力供应和使用于一体，以及人人都是售电公司的未来，人人都可以自由地和他人分享、交易和支配他的能源资源和能源足迹，那么区块链则成为未来能源系统这种分散市场模式和机制中保证公平、公正、公开的核心基础。每个市场主体和设施全方位、无死角、信息通通上链并无篡改机会，所有参与者都通过统一的共识算法达成共赢协作，签订智能合同并完成线上交易，打破所有流程的数字化壁垒，统一加密算法和统一的信任评价管理机制，建立公平、公开的平台环境，这也就是虚拟电厂最终走向平台化、共享化的必要条件。

而在更远的未来，如果真的有一天人们实现了 100% 的可再生能源的电力供应，每家每户都有自己的能够双向充放电的电动汽车和电热冷储能单元，集合热泵、洗衣机、空调的灵活响应的家庭能源管理中心，那么有一个事物就必须在这一天之前出现——一种能集合和协调电网甚至是能源网络下的各个发电单元、终端负荷和储能中转设备的灵活系统，将取代现有的传统角色尤其是发电厂而成为参与电网运营与电力交易的市场主力。这种取代表面的原因是更加灵活且更好管理,其商业实质却是更加容易驱动用户,甚至是采用数字化的方式。

简而言之,届时传统电厂将全部退出直接竞争,电力交易平台上将只有一种市场主体,即虚拟电厂。在这样的定义之下,虚拟电厂其实并不是一门技术或者独门武器,而是更接近一个场景,这个场景里面的参与者就是形形色色的虚拟电厂运营商(甚至是个人),就如同互联网一样,并非是一门技术,而是千千万万的网民和互联网公司构成的一个商业模式辈出的超级创新大场景。

这一天的到来时间也许是 2050 年,也许是 2100 年。重要的不是这个时间点或早或晚,而是这个趋势应当被认知,而且最重要的是,中国在这个趋势上具备十分有利的强势地位。

综上所述,如果用 1 分钟来走近虚拟电厂,我们可以在此清晰精准地表述:

虚拟电厂的关键就是两个:第一整合(各种发电用电资源),第二自下而上(去中心化)。

虚拟电厂的前提也是两个:第一电力市场(日前实时辅助服务),第二新能源比例提高。

这都和现有的电力工业生产流程相去甚远,所以本书取名为《走近虚拟电厂》,但我们希望,走进"十四五"之际,我们能走进虚拟电厂,而不仅仅是走近虚拟电厂。如果我们可以回到 2005 年,没有人会放弃做支付宝和微信;如果可以退回到 2010 年,没有人不敢做特斯拉和小米。

但是现在是 2020 年,我们希望的不是靠一本书去改变一个故事。而是让这本书和阅读它的人,都成为故事的一部分。

是为后记。

推荐阅读

作者：王鹏　王冬容　等著

出版时间：2022 年 5 月

定价：79 元

多维度　多环节　多领域　探讨配售电重构场景

揭示深化电力体制改革的理论思考和创新思路

实现新型电力系统、综合智慧能源和双碳目标

国家能源局原副局长、中国能源研究会学术顾问　吴吟

中国投资协会能源投资专业委员会会长　孙耀唯　　倾力推荐

内容简介：

碳达峰碳中和迅速成为电力能源行业乃至整个经济社会重新定义的格式起点，以新能源为主体的新型电力系统，以各类园区为主体的城市能源系统，以及双碳和乡村振兴战略的同频共振，使得配电从末梢走向中枢，加快了我国电力能源行业从发电中心时代""电网中心时代"进入"用户中心时代"。

本书从宏观、中观、微观等不同维度，从工业园区发展、乡村振兴等不同领域，从配电、售电、转供电等不同环节，从战略、规划、政策等不同层面，从理念创新、体制机制创新等不同维度，描绘了用户中心时代配售电重构场景。

本书以电力工业发展亟待解决的现实问题为导向，突出创新、协调、绿色、开放、共享新发展理念，不但有理论探讨、引用了大量国内外实践案例，还提出了"不对称监管""能源民主集中"等概念，读来引人入胜、待人思索。